全国科学技术名词审定委员会

公　　布

科学技术名词·工程技术卷（全藏版）

2

测　绘　学　名　词

（第三版）

CHINESE TERMS IN SURVEYING AND MAPPING

（Third Edition）

测绘学名词审定委员会

国家自然科学基金资助项目

科　学　出　版　社

北　京

内 容 简 介

本书是全国科学技术名词审定委员会审定公布的第三版测绘学名词，包括总类、大地测量学、摄影测量与遥感学、地图学、工程测量、海洋测绘、测绘仪器等七大类，共收词2 269条。本书对2002年公布的《测绘学名词》作了少量修正，增加了一些新词，每条词均给出了定义或注释。这些名词是科研、教学、生产、经营以及新闻出版等部门应遵照使用的测绘学规范名词。

图书在版编目(CIP)数据

科学技术名词. 工程技术卷：全藏版 / 全国科学技术名词审定委员会审定. —北京：科学出版社，2016.01

ISBN 978-7-03-046873-4

I. ①科… II. ①全… III. ①科学技术–名词术语 ②工程技术–名词术语 IV. ①N-61 ②TB-61

中国版本图书馆CIP数据核字(2015)第307218号

责任编辑：李玉英 / 责任校对：陈玉凤

责任印制：张 伟 / 封面设计：铭轩堂

科学出版社 出版

北京东黄城根北街16号

邮政编码：100717

http://www.sciencep.com

北京厚诚则铭印刷科技有限公司印刷

科学出版社发行 各地新华书店经销

*

2016年1月第 一 版 开本：787×1092 1/16

2016年1月第一次印刷 印张：13

字数：400 000

定价：7800.00元(全44册)

全国科学技术名词审定委员会
第五届委员会委员名单

测绘学名词审定委员会委员名单

路甬祥序

我国是一个人口众多、历史悠久的文明古国，自古以来就十分重视语言文字的统一，主张“书同文、车同轨”，把语言文字的统一作为民族团结、国家统一和强盛的重要基础和象征。我国古代科学技术十分发达，以四大发明为代表的古代文明，曾使我国居于世界之巅，成为世界科技发展史上的光辉篇章。而伴随科学技术产生、传播的科技名词，从古代起就已成为中华文化的重要组成部分，在促进国家科技进步、社会发展和维护国家统一方面发挥着重要作用。

我国的科技名词规范统一活动有着十分悠久的历史。古代科学著作记载的大量科技名词术语，标志着我国古代科技之发达及科技名词之活跃与丰富。然而，建立正式的名词审定组织机构则是在清朝末年。1909 年，我国成立了科学名词编订馆，专门从事科学名词的审定、规范工作。到了新中国成立之后，由于国家的高度重视，这项工作得以更加系统地、大规模地开展。1950 年政务院设立的学术名词统一工作委员会，以及 1985 年国务院批准成立的全国自然科学名词审定委员会（现更名为全国科学技术名词审定委员会，简称全国科技名词委），都是政府授权代表国家审定和公布规范科技名词的权威性机构和专业队伍。他们肩负着国家和民族赋予的光荣使命，秉承着振兴中华的神圣职责，为科技名词规范统一事业默默耕耘，为我国科学技术的发展作出了基础性的贡献。

规范和统一科技名词，不仅在消除社会上的名词混乱现象，保障民族语言的纯洁与健康发展等方面极为重要，而且在保障和促进科技进步，支撑学科发展方面也具有重要意义。一个学科的名词术语的准确定名及推广，对这个学科的建立与发展极为重要。任何一门科学（或学科），都必须有自己的一套系统完善的名词来支撑，否则这门学科就立不起来，就不能成为独立的学科。郭沫若先生曾将科技名词的规范与统一称为“乃是一个独立自主国家在学术工作上所必须具备的条件，也是实现学术中国化的最起码的条件”，精辟地指出了这项基础性、支撑性工作的本质。

在长期的社会实践中，人们认识到科技名词的规范和统一工作对于一个国家的科技发展和文化传承非常重要，是实现科技现代化的一项支撑性的系统工程。没有这样一个系统的规范化的支撑条件，不仅现代科技的协调发展将遇到极大困难，而且在科技日益渗透人们生活各方面、各环节的今天，还将给教育、传播、交流、经贸等多方面带来困难和损害。

全国科技名词委自成立以来，已走过近20年的历程，前两任主任钱三强院士和卢嘉锡院士为我国的科技名词统一事业倾注了大量的心血和精力，在他们的正确领导和广大专家的共同努力下，取得了卓著的成就。2002年，我接任此工作，时逢国家科技、经济飞速发展之际，因而倍感责任的重大；及至今日，全国科技名词委已组建了60个学科名词审定分委员会，公布了50多个学科的63种科技名词，在自然科学、工程技术与社会科学方面均取得了协调发展，科技名词蔚成体系。而且，海峡两岸科技名词对照统一工作也取得了可喜的成绩。对此，我实感欣慰。这些成就无不凝聚着专家学者们的心血与汗水，无不闪烁着专家学者们的集体智慧。历史将会永远铭刻着广大专家学者孜孜以求、精益求精的艰辛劳作和为祖国科技发展作出的奠基性贡献。宋健院士曾在1990年全国科技名词委的大会上说过："历史将表明，这个委员会的工作将对中华民族的进步起到奠基性的推动作用。"这个预见性的评价是毫不为过的。

科技名词的规范和统一工作不仅仅是科技发展的基础，也是现代社会信息交流、教育和科学普及的基础，因此，它是一项具有广泛社会意义的建设工作。当今，我国的科学技术已取得突飞猛进的发展，许多学科领域已接近或达到国际前沿水平。与此同时，自然科学、工程技术与社会科学之间交叉融合的趋势越来越显著，科学技术迅速普及到了社会各个层面，科学技术同社会进步、经济发展已紧密地融为一体，并带动着各项事业的发展。所以，不仅科学技术发展本身产生的许多新概念、新名词需要规范和统一，而且由于科学技术的社会化，社会各领域也需要科技名词有一个更好的规范。另一方面，随着香港、澳门的回归，海峡两岸科技、文化、经贸交流不断扩大，祖国实现完全统一更加迫近，两岸科技名词对照统一任务也十分迫切。因而，我们的名词工作不仅对科技发展具有重要的价值和意义，而且在经济发展、社会进步、政治稳定、民族团结、国家统一和繁荣等方面都具有不可替代的特殊价值和意义。

最近，中央提出树立和落实科学发展观，这对科技名词工作提出了更高的要求。我们要按照科学发展观的要求，求真务实，开拓创新。科学发展观的本质与核心是以人为本，我们要建设一支优秀的名词工作队伍，既要保持和发扬老一辈科技名词工作者的优良传统，坚持真理、实事求是、甘于寂寞、淡泊名利，又要根据新形势的要求，面向未来、协调发展、与时俱进、锐意创新。此外，我们要充分利用网络等现代科技手段，使规范科技名词得到更好的传播和应用，为迅速提高全民文化素质作出更大贡献。科学发展观的基本要求是坚持以人为本，全面、协调、可持续发展，因此，科技名词工作既要紧密围绕当前国民经济建设形势，着重开展好科技领域的学科名词审定工作，同时又要在强调经济社会以及人与自然协调发展的思想指导下，开展好社会科学、文化教育和资源、生态、环境领域的科学名词审定工作，促进各个学科领域的相互融合和共同繁荣。科学发展观非常注重可持续发展的理念，因此，我们在不断丰富和发展已建立的科技名词体系的同时，还要进一步研究具有中国特色的术语学理论，以创建中国的术语学派。研究和建立中国特色的术语学理论，也是一种知识创新，是实现科技名词工作可持续发展的必由之路，我们应当为此付出更大的努力。

当前国际社会已处于以知识经济为走向的全球经济时代，科学技术发展的步伐将会越来越快。我国已加入世贸组织，我国的经济也正在迅速融入世界经济主流，因而国内外科技、文化、经贸的交流将越来越广泛和深入。可以预言，21 世纪中国的经济和中国的语言文字都将对国际社会产生空前的影响。因此，在今后 10 到 20 年之间，科技名词工作就变得更具现实意义，也更加迫切。“路漫漫其修远兮，吾今上下而求索”，我们应当在今后的工作中，进一步解放思想，务实创新、不断前进。不仅要及时地总结这些年来取得的工作经验，更要从本质上认识这项工作的内在规律，不断地开创科技名词统一工作新局面，作出我们这代人应当作出的历史性贡献。

路甬祥

2004 年深秋

卢嘉锡序

科技名词伴随科学技术而生，犹如人之诞生其名也随之产生一样。科技名词反映着科学研究的成果，带有时代的信息，铭刻着文化观念，是人类科学知识在语言中的结晶。作为科技交流和知识传播的载体，科技名词在科技发展和社会进步中起着重要作用。

在长期的社会实践中，人们认识到科技名词的统一和规范化是一个国家和民族发展科学技术的重要的基础性工作，是实现科技现代化的一项支撑性的系统工程。没有这样一个系统的规范化的支撑条件，科学技术的协调发展将遇到极大的困难。试想，假如在天文学领域没有关于各类天体的统一命名，那么，人们在浩瀚的宇宙当中，看到的只能是无序的混乱，很难找到科学的规律。如是，天文学就很难发展。其他学科也是这样。

古往今来，名词工作一直受到人们的重视。严济慈先生60多年前说过，“凡百工作，首重定名；每举其名，即知其事”。这句话反映了我国学术界长期以来对名词统一工作的认识和做法。古代的孔子曾说“名不正则言不顺”，指出了名实相副的必要性。荀子也曾说“名有固善，径易而不拂，谓之善名”，意为名有完善之名，平易好懂而不被人误解之名，可以说是好名。他的“正名篇”即是专门论述名词术语命名问题的。近代的严复则有“一名之立，旬月踟躇”之说。可见在这些有学问的人眼里，“定名”不是一件随便的事情。任何一门科学都包含很多事实、思想和专业名词，科学思想是由科学事实和专业名词构成的。如果表达科学思想的专业名词不正确，那么科学事实也就难以令人相信了。

科技名词的统一和规范化标志着一个国家科技发展的水平。我国历来重视名词的统一与规范工作。从清朝末年的科学名词编订馆，到1932年成立的国立编译馆，以及新中国成立之初的学术名词统一工作委员会，直至1985年成立的全国自然科学名词审定委员会(现已改名为全国科学技术名词审定委员会，简称全国名词委)，其使命和职责都是相同的，都是审定和公布规范名词的权威性机构。现在，参与全国名词委领导工作的单位有中国科学院、科学技术部、教育部、中国科学技术协会、国家自然科学基金委员会、新闻出版署、国家质量技术监督局、国家广播电影电视总局、国家知识产权局和国家语言文字工作委员会，这些部委各自选派了有关领导干部担任全国名词委的领导，有力地推动科技名词的统一和推广应用工作。

全国名词委成立以后，我国的科技名词统一工作进入了一个新的阶段。在第一任主任委员钱三强同志的组织带领下，经过广大专家的艰苦努力，名词规范和统一工作取得了显著的成绩。1992 年三强同志不幸谢世。我接任后，继续推动和开展这项工作。在国家和有关部门的支持及广大专家学者的努力下，全国名词委 15 年来按学科共组建了 50 多个学科的名词审定分委员会，有 1800 多位专家、学者参加名词审定工作，还有更多的专家、学者参加书面审查和座谈讨论等，形成的科技名词工作队伍规模之大、水平层次之高前所未有。15 年间共审定公布了包括理、工、农、医及交叉学科等各学科领域的名词共计 50 多种。而且，对名词加注定义的工作经试点后业已逐渐展开。另外，遵照术语学理论，根据汉语汉字特点，结合科技名词审定工作实践，全国名词委制定并逐步完善了一套名词审定工作的原则与方法。可以说，在 20 世纪的最后 15 年中，我国基本上建立起了比较完整的科技名词体系，为我国科技名词的规范和统一奠定了良好的基础，对我国科研、教学和学术交流起到了很好的作用。

在科技名词审定工作中，全国名词委密切结合科技发展和国民经济建设的需要，及时调整工作方针和任务，拓展新的学科领域开展名词审定工作，以更好地为社会服务、为国民经济建设服务。近些年来，又对科技新词的定名和海峡两岸科技名词对照统一工作给予了特别的重视。科技新词的审定和发布试用工作已取得了初步成效，显示了名词统一工作的活力，跟上了科技发展的步伐，起到了引导社会的作用。两岸科技名词对照统一工作是一项有利于祖国统一大业的基础性工作。全国名词委作为我国专门从事科技名词统一的机构，始终把此项工作视为自己责无旁贷的历史性任务。通过这些年的积极努力，我们已经取得了可喜的成绩。做好这项工作，必将对弘扬民族文化，促进两岸科教、文化、经贸的交流与发展作出历史性的贡献。

科技名词浩如烟海，门类繁多，规范和统一科技名词是一项相当繁重而复杂的长期工作。在科技名词审定工作中既要注意同国际上的名词命名原则与方法相衔接，又要依据和发挥博大精深的汉语文化，按照科技的概念和内涵，创造和规范出符合科技规律和汉语文字结构特点的科技名词。因而,这又是一项艰苦细致的工作。广大专家学者字斟句酌,精益求精,以高度的社会责任感和敬业精神投身于这项事业。可以说,全国名词委公布的名词是广大专家学者心血的结晶。这里,我代表全国名词委,向所有参与这项工作的专家学者们致以崇高的敬意和衷心的感谢!

审定和统一科技名词是为了推广应用。要使全国名词委众多专家多年的劳动成果——规范名词,成为社会各界及每位公民自觉遵守的规范,需要全社会的理解和支持。国务院和4个有关部委[国家科委(今科学技术部)、中国科学院、国家教委(今教育部)和新闻出版署]已分别于1987年和1990年行文全国,要求全国各科研、教学、生产、经营以及新闻出版等单位遵照使用全国名词委审定公布的名词。希望社会各界自觉认真地执行,共同做好这项对于科技发展、社会进步和国家统一极为重要的基础工作,为振兴中华而努力。

值此全国名词委成立15周年、科技名词书改装之际,写了以上这些话。是为序。

卢嘉锡

2000年夏

钱三强序

科技名词术语是科学概念的语言符号。人类在推动科学技术向前发展的历史长河中,同时产生和发展了各种科技名词术语,作为思想和认识交流的工具,进而推动科学技术的发展。

我国是一个历史悠久的文明古国,在科技史上谱写过光辉篇章。中国科技名词术语,以汉语为主导,经过了几千年的演化和发展,在语言形式和结构上体现了我国语言文字的特点和规律,简明扼要,蓄意深切。我国古代的科学著作,如已被译为英、德、法、俄、日等文字的《本草纲目》、《天工开物》等,包含大量科技名词术语。从元、明以后,开始翻译西方科技著作,创译了大批科技名词术语,为传播科学知识,发展我国的科学技术起到了积极作用。

统一科技名词术语是一个国家发展科学技术所必须具备的基础条件之一。世界经济发达国家都十分关心和重视科技名词术语的统一。我国早在1909年就成立了科学名词编订馆,后又于1919年中国科学社成立了科学名词审定委员会,1928年大学院成立了译名统一委员会。1932年成立了国立编译馆,在当时教育部主持下先后拟订和审查了各学科的名词草案。

新中国成立后,国家决定在政务院文化教育委员会下,设立学术名词统一工作委员会,郭沫若任主任委员。委员会分设自然科学、社会科学、医药卫生、艺术科学和时事名词五大组,聘任了各专业著名科学家、专家,审定和出版了一批科学名词,为新中国成立后的科学技术的交流和发展起到了重要作用。后来,由于历史的原因,这一重要工作陷于停顿。

当今,世界科学技术迅速发展,新学科、新概念、新理论、新方法不断涌现,相应地出现了大批新的科技名词术语。统一科技名词术语,对科学知识的传播,新学科的开拓,新理论的建立,国内外科技交流,学科和行业之间的沟通,科技成果的推广、应用和生产技术的发展,科技图书文献的编纂、出版和检索,科技情报的传递等方面,都是不可缺少的。特别是计算机技术的推广使用,对统一科技名词术语提出了更紧迫的要求。

为适应这种新形势的需要,经国务院批准,1985年4月正式成立了全国自然科学名词审定委员会。委员会的任务是确定工作方针,拟定科技名词术语审定工作计划、实施方案和步骤，组织审定自然科学各学科名词术语，并予以公布。根据国务院授权，委员会审定公布的名词术语，科研、教学、生产、经营以及新闻出版等各部门，均应遵照使用。

全国自然科学名词审定委员会由中国科学院、国家科学技术委员会、国家教育委员会、中国科学技术协会、国家技术监督局、国家新闻出版署、国家自然科学基金委员会分别委派了正、副主任担任领导工作。在中国科协各专业学会密切配合下，逐步建立各专业审定分委员会，并已建立起一支由各学科著名专家、学者组成的近千人的审定队伍，负责审定本学科的名词术语。我国的名词审定工作进入了一个新的阶段。

这次名词术语审定工作是对科学概念进行汉语订名，同时附以相应的英文名称，既有我国语言特色，又方便国内外科技交流。通过实践，初步摸索了具有我国特色的科技名词术语审定的原则与方法，以及名词术语的学科分类、相关概念等问题，并开始探讨当代术语学的理论和方法，以期逐步建立起符合我国语言规律的自然科学名词术语体系。

统一我国的科技名词术语，是一项繁重的任务，它既是一项专业性很强的学术性工作，又涉及到亿万人使用习惯的问题。审定工作中我们要认真处理好科学性、系统性和通俗性之间的关系；主科与副科间的关系；学科间交叉名词术语的协调一致；专家集中审定与广泛听取意见等问题。

汉语是世界五分之一人口使用的语言，也是联合国的工作语言之一。除我国外，世界上还有一些国家和地区使用汉语，或使用与汉语关系密切的语言。做好我国的科技名词术语统一工作，为今后对外科技交流创造了更好的条件，使我炎黄子孙，在世界科技进步中发挥更大的作用，作出重要的贡献。

统一我国科技名词术语需要较长的时间和过程，随着科学技术的不断发展，科技名词术语的审定工作，需要不断地发展、补充和完善。我们将本着实事求是的原则，严谨的科学态度做好审定工作，成熟一批公布一批，提供各界使用。我们特别希望得到科技界、教育界、经济界、文化界、新闻出版界等各方面同志的关心、支持和帮助，共同为早日实现我国科技名词术语的统一和规范化而努力。

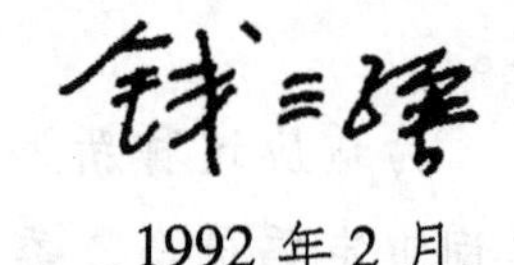

1992年2月

第三版前言

自从《测绘学名词》(第一版)于1990年经全国科学技术名词审定委员会(当时名为全国自然科学名词审定委员会)公布实行至今,整整20年过去了。在此期间,于2002年又公布了《测绘学名词》(第二版)。20个春秋,两版《测绘学名词》在我国测绘学科和行业的教学、科研、生产以及其他相关学科和行业的测绘技术应用等各个领域中,规范名词术语和明析其定义、促进专业知识学习和应用、提升科技素质和人文素养等方面发挥着重要作用,受到业界人士的广泛关注和好评。而在这20年里,我国测绘科学技术经历了传统测绘到数字化测绘再到信息化测绘的跨越式发展,现代测绘学已成为一门研究与地球和其他实体与时空分布有关的地理空间信息的采集、处理、管理、显示和利用的科学与技术。特别是从《测绘学名词》(第二版)于2002年公布实行以来的十余年里,在国家信息化建设的大背景下,测绘信息化进程迅速加快,我们这个学科和行业又从数字化测绘向信息化测绘新阶段迈进,逐步形成信息化测绘体系。所谓信息化测绘,即在完全网络运行环境下,利用数字化测绘技术为社会经济实时有效地提供地理空间信息综合服务的一种新的测绘方式和功能形态,这里要求地理空间信息的获取、处理和服务等测绘业务流程必须实现信息化。这是一个巨大的转变,转变中测绘学科的理论基础、技术体系、研究领域和科学目标必定为适应新形势的需要而发生深刻的变化。这种变化必然产生大量新的测绘学术语和名词,同样需要去规范和释义,与此同时,还需要对那些使用频次不高的旧词和术语进行筛选、淘汰或修正。为此,中国测绘学会测绘学名词审定委员会根据全国科学技术名词审定委员会的部署,决定修订《测绘学名词》(第二版)。此次修订充分吸收第二版在使用过程中所反映出来的一些意见和建议,进行词条的增删和赋义,并由测绘学名词审定委员会的成员负责旧词的淘汰或修正,新词的选取和注释。在修订过程中力求选词科学合理、注释名正义符,词意言简意赅,具有正确性和权威性。在选词、注释和审定过程中严格遵循全国科学技术名词审定委员会颁布的“科学技术名词审定原则及方法”的规定。为此测绘学名词审定委员会经过近4年的努力,组织召开了五次全委员会的审稿会议,保障了《测绘学名词》(第三版)注释本的审定工作终于2009年完成,并报全国科学技术名词审定委员会批准出版公布。

本次公布的《测绘学名词》(第三版)总共包含2 269条,删除了第二版中99条旧词,增加286条新词。第三版仍然保留第二版划分的7部分,总类93条,大地测量学429条,摄影测量与遥感学514条,地图学398条,工程测量318条,海洋测绘307条,测绘仪器206条。

在《测绘学名词》(第三版)的审定过程中得到了全国测绘学界以及相关领域的专家、学者大力支持和帮助,为此版的修订提供了很多宝贵意见和建议。全国科学技术名词审定委员会委托杨凯、陈俊勇、宁津生、王家耀、周琪等专家对上报稿进行了复审。国家测绘局十分重视此项修订工作,给予了多方面的指导和资助。中国测绘科学研究院承担了大部分新词的收集、撰写以及全部修订意见的汇总、归类、修改等工作。张剑清、舒宁、郑肇葆、孙家抦、张永军、成毅、武芳、秘金钟、杨俊志、何平安、华玉民、廖祥春、白鸥、刘若梅、蒋景瞳、成英燕、文汉江、罗佳等同志也参加了第三版测绘学新名词的编写工作。本委员会在此一并表示衷心地感谢，同时恳请读者继续提出宝贵意见，以便进一步修订，使之日臻完善。

测绘学名词审定委员会

2009 年 9 月

第二版前言

测绘学是一门研究有关获取、处理、管理、表达、分发、利用地球表层自然、社会和人文地理空间信息的科学,是地球科学的重要组成部分。

我国测绘工作历史悠久,几千年的科学积淀丰富了测绘科学与技术的名词术语,构成了民族文化的一部分。新中国成立后,祖国测绘事业得到迅速恢复和发展,涌现出许多新理论、新技术、新方法,同时,大量的新名词也随之产生。鉴于规范名词及其定义是发展测绘科学技术的重要基础性工作,中国测绘学会经全国科学技术名词审定委员会(原为全国自然科学名词审定委员会,简称全国科技名词委)同意成立了测绘学名词审定委员会,于1989年完成了第一批测绘学基本名词2 146条的审定工作,1990年由全国科技名词委正式公布。

近十几年来,随着空间科学、信息科学的飞速发展,以此为基础的测绘科学技术又上了一个新台阶,全球定位系统(GPS)、遥感(RS)、地理信息系统(GIS)技术已成为当前测绘工作的核心技术,计算机和网络通信技术已普遍采用,测绘技术体系也从模拟转向数字、从地面转向空间、从静态转向动态,并进一步向网络化和智能化方向发展。在这一转变过程中,大量的新词不断涌现,需要尽快予以正名赋义;对于使用频率较少的老词需要淘汰;对于某些老词需要赋予新的含义。而1990年正式公布的测绘学名词仅有词条,尚未赋义。为此,根据全国科技名词委的布置,测绘学名词审定委员会于1992年委托国家测绘局测绘标准化研究所提出草案,紧密结合测绘科技发展的需要,在1990年正式公布的测绘学名词基础上,进行词条增删,对每一词条赋予注释,形成《测绘学名词》注释本初稿。测绘学名词审定委员会于1993年、1996年、1999年先后三次组织全国测绘界及相关领域的高层次专家、学者进行了深入细致的讨论、修改和协调,力求使每条词及注释名正义符,清晰易懂,并于2000年8月完成注释本的审定工作,报请全国科技名词委审批公布。

本次公布的测绘学名词注释共计2 077条,是在1990年正式公布的2 146条测绘学名词基础上根据上述原则对原词条进行保留、删除和增加而确定的,计保留1 737条,删除409条,增加340条。每一中文名词对应一个英文名,并对每一中文名词均赋予定义或注释,一一对应,使测绘学名词具备应有的准确性和权威性。本次仍然保留原来划分的7部分:总类91条,大地测量学350条、摄影测量与遥感学455条、地图学365条、工程测量283条、海洋测绘311条、测绘仪器222条。在审定赋予注释的过程中,严格遵循全国科技名词委制定的"科学技术名词审定的原则及方法"和国标GB1.6、GB10112的有关规定。

在近十年的审定过程中,得到了全国测绘学界以及相关领域的专家、学者大力支持和帮助,他们提供了很多宝贵意见和建议。国家测绘局对此项工作给予了大力资助;国家测绘局测绘标准化研究所自始至终承担了初稿撰写、意见汇集、归类、修改及草案的印刷等工作,保障了审定工作的顺利完成。本委员会在此一并表示衷心地感谢。同时恳请使用者继续提出宝贵意见,以便进一步修订,使之日臻完善。

测绘学名词审定委员会
2001年1月

第一版前言

测绘学是一门历史悠久的学科。近几十年来发展极为迅速,新的理论、方法、仪器和技术手段不断涌现。测绘领域早已从陆地扩展到海洋、空间;测绘技术已广泛走向数字化、自动化;测绘成果已从三维发展到四维、从静态到动态;国际间测绘学术交流合作日益密切。为了适应学科发展的需要,中国测绘学会经全国自然科学名词审定委员会同意,于1987年3月成立了测绘学名词审定委员会,承担测绘学名词的审定工作。委员会按专业分支学科分为六个学科组,负责测绘学基本名词的搜集、整理、初选和预审等工作。委员会分别于1987年8月,1988年8月,1988年12月三次对第一批测绘学基本名词进行了审定,对名词的分级分类、筛选、定名、注释及编排等问题进行了反复讨论和修改。其间,曾将名词初稿征求测绘学各专业分支学科及台湾地区部分测量学专家、学者的意见;并与有关学科进行了数次反复的协调,丁1989年3月完成了第一批测绘学基本名词的审定工作。王之卓、纪增觉、宁津生、胡毓钜、刘自健、陈永奇等先生受全国自然科学名词审定委员会的委托,对上报的测绘学名词进行复审,所提出的意见经测绘学名词审定委员会正、副主任委员等进行了认真讨论和处理,最后审定测绘学名词2 146条,报请全国自然科学名词审定委员会审批公布。

本批公布的测绘学名词,是测绘学中经常使用的专业基本词,同时附有国际惯用的英文或其他外文名词。汉文名按专业分支学科分为总类、大地测量学、摄影测量与遥感学、地图制图学、工程测量学、海洋测绘、测绘仪器等七类。类别的划分和名词排列主要是为了便于查索,而非严谨的分类研究。在审定中,一些与相邻学科间有同一含义,但有不同习惯用名的词,经协调后尽量取得一致,如"判读"一词还有"判释"、"判识"、"解释"、"解译"等用名,此次定为"判读",同时在注释栏中加又称"判释"、"解译";对由外国人名、地名构成的词,按译名原则定为规范的名词,如"Molodensky theory"以往译为"莫洛金斯基理论"或"莫洛琴斯基理论",此次定为"莫洛坚斯基理论";对测绘学科长期惯用而且经常使用的词,经反复讨论、协调,确定按约定俗成原则不作改动,如"中误差(mean square error)"一词。对英文名是否用复数,则根据其含义来确定,如"像片方位元素"由6个参数组成,其英文名用复数"photo orientation elements"。

在两年的审定过程中,得到了全国测绘学界以及有关学科的专家、学者的大力支持和帮助,为几次修改提供了许多好的意见和建议。国家测绘局对这项工作给予了资助。国家测绘局测绘标准化研究所自始至终承担了对名词的意见汇集、归类、订正及草案的印制等工作,保障了审定工作的顺利完成。本委员会在此一并致谢。希望各界使用者继续提出宝贵意见,以便今后讨论修订。

测绘学名词审定委员会

1989年3月

编 排 说 明

一、本批公布的是测绘学名词。

二、全书分 7 部分:总类、大地测量学、摄影测量与遥感学、地图学、工程测量、海洋测绘及测绘仪器。

三、正文按汉文名所属学科的相关概念体系排列,汉文名后给出了与该词概念相对应的英文名。

四、每个汉文名都附有相应的定义或注释。当一个汉文名有两个不同的概念时,则用(1)、(2)分开。

五、一个汉文名对应几个英文同义词时,英文词之间用“,”分开。

六、凡英文词的首字母大、小写均可时,一律小写。

七、“[ ]”中的字为可省略的部分。

八、主要异名和释文中的条目用楷体表示,“又称”一般为不推荐用名;“简称”为习惯上的缩简名词;“曾称”为被淘汰的旧名。

九、正文后所附的英汉索引按英文字母顺序排列;汉英索引按汉语拼音顺序排列。所示号码为该词在正文中的序码。索引中带“ * ”者为规范名的异名和在释文中的条目。

目　　录

01. 总　　论

01.001　测绘学　surveying and mapping, SM

研究与地球有关的地理空间信息的采集、处理、显示、管理、利用的科学与技术。

01.002　中华人民共和国测绘法　Surveying and Mapping Law of the People's Republic of China

我国关于测绘的基本法律，是从事测绘活动和进行测绘管理的基本准则和基本依据。

01.003　测绘标准　standards of surveying and mapping

为使测绘活动获得最佳秩序，对测绘活动及其成果所规定共同和重复使用的规则、导则或特性的文件。

01.004　测量规范　specifications of surveys

对测量成果内容、质量、规格以及测量作业中的技术事项做出统一规定的测绘标准。

01.005　大地测量学　geodesy

研究和确定地球的形状、大小、重力场、整体与局部运动和地表面点的几何位置以及它们的变化的理论和技术的学科。

01.006　地球形状　earth shape, figure of the earth

地球自然表面的形状或大地水准面的形状。

01.007　重力基准　gravity datum

重力的起算值和尺度因子。

01.008　重力场　gravity field

地球重力作用的空间。在该空间中，每一点都有唯一的一个重力矢量与之相对应。

01.009　地心坐标系　geocentric coordinate system

原点 O 与地球质心重合，Z 轴指向地球北极，X 轴指向格林尼治平子午面与地球赤道的交点 E，Y 轴垂直于 XOZ 的平面构成右手坐标系。

01.010　地球椭球　earth ellipsoid

近似表示地球的形状和大小，并且其表面为等位面的旋转椭球。

01.011　大地原点　geodetic origin

大地坐标的起算点。

01.012　水准原点　leveling origin

海拔高程的起算点。

01.013　测量标志　survey mark

标定地面测量控制点位置的标石、觇标以及其他用于测量的标记物的通称。

01.014　测量觇标　observation target

观测照准目标及安置测量仪器的测量标架。

01.015　大地基准　geodetic datum

用于大地坐标计算的起算数据。包括参考椭球的大小、形状及其定位、定向参数。

01.016　深度基准　sounding datum

计算水体深度的起算面。

01.017　高程基准　height datum

根据验潮资料确定的水准原点高程及其起算面。

01.018　1954 北京坐标系　Beijing Geodetic Coordinate System 1954

将我国大地控制网与苏联1942普尔科沃大地坐标系相联结后建立的我国过渡性大地坐标系。

01.019　1980西安坐标系　Xi'an Geodetic Coordinate System 1980

采用1975国际椭球,以JYD 1968.0系统为椭球定向基准,大地原点设在陕西省泾阳县永乐镇,采用多点定位所建立的大地坐标系。

01.020　1985国家高程基准　National Vertical Datum 1985

采用青岛水准原点和根据青岛验潮站1952年到1979年的验潮数据确定的黄海平均海水面所定义的高程基准。其水准原点起算高程为72.260m。

01.021　2000国家大地坐标系　Chinese geodetic Coordinate System 2000

由国家建立的高精度、地心、动态、实用、统一的大地坐标系,其原点为包括海洋和大气的整个地球的质量中心。所采用的地球椭球参数为:长半轴 $a=6\ 378\ 137\text{m}$,扁率 $f=1/298.257\ 222\ 101$,地心引力常数 $GM=3.986\ 004\ 418\times 1\ 014\text{m}^3\text{s}^{-2}$,自转角速度 $\omega=7.292\ 115\times 10^{-5}\text{rad}\cdot\text{s}^{-1}$。

01.022　高程系统　height system

相对于不同性质的起算面(如大地水准面、似大地水准面、椭球面等)所定义的高程体系。

01.023　平均海[水]面　mean sea level

海面在一定时间段内的平均潮位值。可以认为是消除各种随机的、短周期或长周期变化的海面。

01.024　1956黄海平均海[水]面　Huang Hai mean sea level

黄海海面在一定时间段内的平均潮位值。

01.025　海拔　height above the mean sea level

由平均海水面起算的地面点高度。

01.026　全球导航卫星系统　global navigation satellite system, GNSS

利用卫星在全球范围进行导航定位的系统总称。

01.027　惯性测量系统　inertial surveying system, ISS

由加速度计和陀螺平台等惯性器件组成的用于测定载体空间位置、姿态和重力场参数的系统。

01.028　摄影测量与遥感学　photogrammetry and remote sensing

研究利用电磁波传感器获取目标物的影像数据,从中提取语义和非语义信息,并用图形、图像和数字形式表达的学科。

01.029　矿山测量　mine survey

为地质勘探、矿山设计、矿山建设、运营以及矿山报废等各阶段所进行的测量工作的总称。

01.030　遥感　remote sensing

不接触物体本身,用传感器收集目标物的电磁波信息,经处理、分析后,识别目标物,揭示其几何、物理性质和相互关系及其变化规律的科学技术。

01.031　图像　picture

各种图形和影像的总称。

01.032　影像　image, imagery

物体反射或辐射电磁波能量强度的二维空间记录和显示。

01.033　图形　graph

在载体上以几何线条和几何符号等反映事物各类特征和变化规律的表达形式。

01.034　数字地面模型　digital terrain model, DTM

表示地面起伏形态和地表景观的一系列离

散点或规则点的坐标数值集合的总称。

01.035 图像处理 image processing
运用光学、电子光学、数字处理方法,对图像进行复原、校正、增强、统计分析、分类和识别等的加工技术过程。

01.036 遥感模式识别 pattern recognition of remote sensing
用代表某种特征的模式对各种图像数据进行区分、计数、定位、分类和解释的技术。

01.037 地理坐标 geographic coordinate
将地球视为球体,按经、纬线划分的坐标格网。用以表示地球表面某一点位的经度和纬度。

01.038 坐标格网 coordinate grid
按一定纵横坐标间距在地图上绘制的格网。它分为地理坐标网和直角坐标网两种。

01.039 地图 map
按照一定数学法则,运用符号系统和综合方法、以图形或数字的形式表示具有空间分布特性的自然与社会现象的载体。

01.040 地形图 topographic map
表示地表上的地物、地貌平面位置及基本的地理要素且高程用等高线表示的一种普通地图。

01.041 平面图 plane
可以不计地球曲面投影变形影响的描述小范围面积的地图。通常地图比例尺不应小于1: 5 000。

01.042 地图投影 map projection
按照一定的数学法则,把参考椭球面上的点、线投影到可展面上的方法。

01.043 机助地图制图 computer-aided cartography, computer-assisted cartography, CAC
利用计算机及外围设备和相应软件进行地图信息的采集、存储、处理、管理、显示、绘图和制版的技术与方法。

01.044 遥感制图 remote sensing mapping
通过对遥感图像的判读或遥感图像处理系统,对各种遥感资料进行增强、识别、分类的制图技术。

01.045 地名学 toponomastics, toponymy
研究地名起源、词语特征、含义、演变、分布及地名标准化的学科。

01.046 地名 geographical name, place name
地理要素的名称。

01.047 比例尺 scale
地图上某一线段的长度与地面上相应线段水平距离之比。

01.048 基本比例尺 basic scale
根据需要由国家统一规定测制的国家基本地形图的比例尺。我国规定的基本比例尺为1:5 000、1:10 000、1:25 000、1:50 000、1:100 000 、 1:250 000 、 1:500 000 、 1:1 000 000八种。

01.049 等高线 contour
地图上地面高程相等的各相邻点所连成的曲线。

01.050 等高距 contour interval
地图上相邻等高线的高程差。

01.051 测量误差 measurement error
测量过程中产生的各种误差的总称。

01.052 测量平差 survey adjustment, adjustment of observations
采用一定的估算原理处理各种测量数据,求得待定量最佳估值并进行精度估计的理论和方法。

01.053 精[密]度 precision
在一定测量条件下,对某一量的多次测量中

各观测值间的离散程度。

01.054 准确度 accuracy
在一定测量条件下,观测值及其函数的估值与其真值的偏离程度。

01.055 偶然误差 accident error, random error
在相同的测量条件下的测量值序列中数值、符号不定,但又服从于一定统计规律的测量误差。

01.056 系统误差 systematic error
在相同的测量条件下的测量值序列中数值、符号保持不变或按某确定规律变化的测量误差。

01.057 粗差 gross error, outlier
在相同的测量条件下的测量值序列中,超过三倍中误差的测量误差。

01.058 中误差 root mean square error, RMSE
带权残差平方和的平均数的平方根,作为在一定条件下衡量测量精度的一种数值指标。

01.059 置信度 confidence
根据来自母体的一组子样(即观测值),对表征母体的参数进行估计的统计可信程度。

01.060 标准差 standard deviation
真误差平方和的平均数的平方根,作为在一定条件下衡量测量精度的一种数值指标。

01.061 地理信息系统 geographic information system, GIS
在计算机软硬件支持下,把各种地理信息按照空间分布及属性,以一定的格式输入、存储、检索、更新、显示、制图、综合分析和应用的技术系统。

01.062 空间数据库管理系统 spatial database management system
能对各类空间数据进行统一处理、存储、维护和管理的软件系统。

01.063 大地测量数据库 geodetic database
计算机存储的各种大地测量数据及其管理软件的集合。

01.064 重力数据库 gravimetric database
计算机存储的各种重力数据及其管理软件的集合。

01.065 地形数据库 topographic database
计算机存储的各种地形数据及其管理软件的集合。

01.066 影像数据库 image database
计算机存储的各种数字影像数据及其管理软件的集合。

01.067 地图数据库 cartographic database
计算机存储的各种数字地图(矢量或栅格)数据及其管理软件的集合。

01.068 地名数据库 place-name database
计算机存储的各种地名信息的数据及其管理软件的集合。

01.069 数字地籍数据库 digital cadastral database, DCDB
计算机存储的各种数字地籍数据及其管理软件的集合。

01.070 土地信息系统 land information system, LIS
在计算机软硬件支持下,把各种土地信息按照空间分布及属性,以一定格式输入、处理、管理、空间分析、输出的技术系统。

01.071 海洋测绘数据库 hydrograpic surveying and charting database
计算机存储的各种海洋测绘数据及其管理软件的集合。

01.072 海洋测绘学 hydrography and nautical cartography

研究海洋与陆地水域与地理空间分布有关的几何、物理、人文及随时间变化的信息采集、处理、管理、表示和利用的理论与技术的学科。

01.073 测绘仪器 instrument of surveying and mapping

为测绘作业设计制造的数据采集、处理、输出等仪器和装置。

01.074 3S 集成 3S integration, integration of GNSS, RS and GIS technology

将全球导航卫星系统、航空航天遥感技术和地理信息系统技术根据应用需要,有机地组合成一体化的、功能更强大的新型系统的技术和方法。

01.075 空间数据基础设施 spatial data infrastructure, SDI

对地理空间数据进行采集、管理、访问、分发利用所必需的政策、技术、标准、基础数据集和人力资源等的总称。

01.076 中国测绘学会 Chinese Society of Geodesy, Photogrammetry and Cartography, CSGPC

中国测绘科技工作者的全国性群众学术团体,成立于 1959 年 2 月。

01.077 亚太区域地理信息系统基础设施常设委员会 Permanent Committee on GIS Infrastructure for Asia and the Pacific, PCGIAP

据联合国亚太测绘会议决议建立的、致力于亚太地区 ASDI 区域建设、服务于 21 世纪应用为宗旨的政府间的区域性合作组织。该组织 1995 年 7 月成立于马来西亚吉隆坡。

01.078 国际测量师联合会 Fédération Internationale des Géomètres, FIG

世界各国与测绘有关的学术团体联合组成的综合性学术组织,1878 年 7 月成立于法国巴黎。

01.079 国际大地测量与地球物理联合会 International Union of Geodesy and Geophysics, IUGG

由国际大地测量协会等 7 个学术团体联合组成的学术组织,成立于 1919 年。

01.080 国际大地测量协会 International Association of Geodesy, IAG

大地测量学界的国际学术团体,是国际大地测量与地球物理学联合会(IUGG)所属的七个协会之一,1864 年 10 月在德国柏林成立。

01.081 国际摄影测量与遥感学会 International Society for Photogrammetry and Remote Sensing, ISPRS

摄影测量与遥感界的国际学术团体,原称国际摄影测量学会,1910 年成立于奥地利维也纳,1980 年改名为国际摄影测量与遥感学会。

01.082 国际制图协会 International Cartographic Association, ICA

世界各国地图学科学技术学术团体联合组成的学术组织,1959 年成立于瑞士伯尔尼。

01.083 国际矿山测量学会 International Society of Mine Surveying

矿山测量界的国际学术团体,1969 年 8 月在捷克布拉格成立。

01.084 国际海道测量组织 International Hydrographic Organization, IHO

协调发展海道测量的政府间咨询组织。1921 年 6 月成立,总部设在摩纳哥,常设机构为国际海道测量局(IHB)。

01.085 地理空间信息 geo-spatial information

直接或间接描述与地理位置相联系的现象的地理空间数据,经过数据处理所形成的面向应用的信息,具有基础性、共享性、综合性和分布性的特征。

01.086 地球空间信息学 geomatics, geospatial information science

研究地球空间信息的获取、存储、管理、传输、分析、显示和应用的一门综合和集成的信息科学与技术。

01.087 位置服务 location-based service, LBS

将采用卫星定位技术获取的用户终端的位置信息,通过移动通信网络,在电子地图平台的支持下提供给用户本人或他人以及通信系统,实现定位、导航、查询、识别和事件检查等与空间位置相关的增值服务业务。

01.088 军事测绘 military surveying and mapping

为国防建设、国防科研、作战指挥、武器装备、部队行动和精确打击提供地理空间信息、信息技术和信息系统服务的测绘保障工作。

01.089 注册测绘师 registered surveyor

具有法定测绘执业资格的专业技术人员。

01.090 数字化测图 digitized mapping

对数字化的航空像片或直接获取的数字影像采集地图要素,输出数字化测绘产品。

01.091 信息化测绘 informatization surveying and mapping

在完全网络化运行环境下,利用数字化测绘技术为社会经济实时有效地提供地理空间信息综合服务的一种新的测绘方式和功能形态。其基本特征是地理空间信息的快速获取和实时更新、智能化处理和一体化管理、规模化生产和网络化分发服务,实现地理空间信息资源的融合,为社会经济提供多尺度、多时相、多形式的综合服务。

02. 大 地 测 量 学

02.001 大地坐标系 geodetic coordinate system

以参考椭球中心为原点、起始子午面和赤道面为基准面的地球坐标系。

02.002 椭球面大地测量学 ellipsoidal geodesy

研究椭球面的数学性质以及以该面为参考的大地测量解算理论与方法的大地测量学分支。

02.003 大地天文学 geodetic astronomy

研究利用恒星测定地面点天文经纬度和方位角的理论与方法的大地测量学分支。

02.004 物理大地测量学 physical geodesy

又称"大地重力学"。研究利用重力等物理观测量解决大地测量学科问题的大地测量学分支。

02.005 空间大地测量学 space geodesy

研究利用自然或人造天体解决大地测量学科问题的大地测量学分支。

02.006 卫星大地测量学 satellite geodesy

研究利用人造地球卫星解决大地测量学科问题的大地测量学分支。

02.007 动力大地测量学 dynamic geodesy

研究和测定地球运动状态及其机制的理论和方法的大地测量学分支。

02.008 海洋大地测量学 marine geodesy

研究和确定海面地形、海底地形和海洋重力场及其变化的大地测量学分支。

02.009 行星大地测量学 planetary geodesy

利用大地测量方法研究太阳系行星及其卫星的形状、大小及重力场等问题的大地测量学分支。

02.010 大地网 geodetic network
利用大地测量技术和方法确定地球表面点位的测量控制网。

02.011 国家天文大地网 astro-geodetic network
在全国范围内,按国家统一规范建立的布设有拉普拉斯点和天文点的国家高等级水平控制网。

02.012 参考椭球 reference ellipsoid
用于大地测量计算并代表地球形状和大小的旋转椭球。

02.013 贝塞尔椭球 Bessel ellipsoid
贝塞尔 1841 年提出的参考椭球,其长半径为 6 377 397m,扁率为 1/299.152。

02.014 国际地球自转服务局 International Earth Rotation Service, IERS
由国际天文和地球物理联合会(FAGS)成立的,从 1988 年 1 月 1 日起代替国际极移服务局提供地球动力参数的机构。

02.015 国际天球参考框架 international celestial reference frame, ICRF
由国际地球自转服务局(IERS)推荐的,根据 J2 000.0 动力学春分点和天极,以 IERS 天文常数为基础所定义的一种天球参考系和太阳系质心坐标系。

02.016 国际地球参考框架 international terrestrial reference frame, ITRF
国际地球参考系统(ITRS)的实现,由国际地球自转服务局(IERS)根据空间大地测量技术,包括甚长基线干涉测量(VLBI)、卫星激光测矩(SLR)、多里斯系统(DORIS)、全球定位系统(GPS)等,所确定的地面点的坐标所构成的集合。

02.017 海福德椭球 Hayford ellipsoid
海福德 1909 年提出的参考椭球,其长半径为 6 378 388m,扁率为 1/297.0。

02.018 克拉索夫斯基椭球 Krasovsky ellipsoid
克拉索夫斯基 1940 年提出的参考椭球,其长半径为 6 378 245m,扁率为 1/298.3。

02.019 参考椭球定位 orientation of reference ellipsoid
确定参考椭球在地球体内的位置和方向。

02.020 拉普拉斯方位角 Laplace azimuth
由实测的天文方位角按拉普拉斯方程改正后得出的大地方位角。

02.021 拉普拉斯点 Laplace point
在国家天文大地网中具有天文经纬度、天文方位角和大地经纬度的控制点。

02.022 三角测量 triangulation
通过观测相联系三角形内各水平角,并利用已知起始边长、方位角和起始点坐标确定其他各三角点水平位置的测量技术和方法。

02.023 三角点 triangulation point
按照三角测量方法测设的水平控制点。

02.024 三角锁 triangulation chain
由一系列相邻三角形构成链形的水平控制网。

02.025 三角网 triangulation network
由一系列相联系的三角形构成的网状水平控制网。

02.026 图形权倒数 weight reciprocal of figure
衡量三角锁图形结构对边长精度影响的技术指标。

02.027 菲列罗公式 Ferrero's formula
在三角测量中,通过三角形闭合差(W)估算

测角中误差(m)的一种公式,即:

$$m = \pm\sqrt{\sum W_i/(3n)}$$

式中:n——三角形个数。

02.028 全组合测角法 method in all combinations

通过观测任意两个方向所能组成的全部水平角,确定一组相互独立的各方向间的水平角的观测方法。

02.029 方向观测法 method of direction observation, method by series

从起始方向开始依次观测所有方向,从而确定各方向相对于起始方向的水平角的观测方法。

02.030 测回 observation set

按一定规定,由若干次观测组成的测量单元。

02.031 归心元素 element of centring

观测仪器定位中心或观测目标中心相对于控制点的标石中心偏差的坐标分量即偏心距、偏心角。

02.032 归心改正 reduction to centring

将偏心观测值归化为控制点标石中心的观测值所进行的改正计算。

02.033 水平折光差 horizontal refraction error

视线通过不同密度的大气在水平方向产生的偏差。

02.034 基线 base line

三角测量中推算三角锁、网起算边长所依据的基本长度边。

02.035 基线测量 base line measurement

利用因瓦基线尺直接丈量基线长度或水平控制网中的起始边长的测量技术和方法。

02.036 基线网 base line network

将直接丈量的较短的基线扩大成较长的起算边长所组成的图形。

02.037 精密导线测量 precise traversing

相邻点位的相对中误差不超过二等及二等以上规范限差要求的导线测量。

02.038 三角高程测量 trigonometric leveling

通过观测各边端点的天顶距,利用已知点高程和已知边长确定各点高程的测量技术和方法。

02.039 三角高程网 trigonometric leveling network

用三角高程测量方法测定相邻三角点高差的三角网。

02.040 铅垂线 plumb line

地球的重力方向线。

02.041 天顶距 zenith distance, zenith angle

由天顶沿地平经度圈量度到观测目标的角度。

02.042 高度角 elevation angle, altitude angle

测站至观测目标的方向线与水平面间的夹角。

02.043 垂直折光差 vertical refraction error

视线通过大气层时在垂直方向上产生折射所引起的偏差。

02.044 垂直折光系数 vertical refraction coefficient

视线通过上疏下密的大气层折射形成曲线的曲率半径与地球曲率半径之比。

02.045 水准网 leveling network

由一系列水准点所构成的高程控制网。

02.046 精密水准测量 precise leveling

偶然中误差不超过二等和二等以上规范限差要求的水准测量。

02.047 水准面 level surface

重力位相等的曲面。

02.048 地球位数 geopotential number
地面点到大地水准面的重力位差。

02.049 高程 height
地面点到高度起算面的垂直距离。

02.050 正高 orthometric height
地面点沿该点的重力线到大地水准面的距离。

02.051 正常高 normal height
地面点沿正常重力线到似大地水准面的距离。

02.052 力高 dynamic height
某点的地球位数与大地纬度为45°处或测量区域平均大地纬度处的正常重力值之比值。

02.053 水准路线 leveling line
水准测量设站观测经过的路线。

02.054 水准点 benchmark
沿水准路线每隔一定距离布设的高程控制点。

02.055 跨河水准测量 river-crossing leveling
为跨越超过一般水准测量视线长度的障碍物(江河、湖泊等),采用特殊的测量方法测定两端高差的水准测量。

02.056 椭球长半轴 semimajor axis of ellipsoid
又称"地球长半轴"。椭球子午椭圆的长半径。

02.057 椭球短半轴 semiminor axis of ellipsoid
又称"地球短半轴"。椭球子午椭圆的短半径。

02.058 椭球扁率 flattening of ellipsoid
椭球长、短半轴之差与长半轴之比。

02.059 椭球偏心率 eccentricity of ellipsoid
椭球的子午椭圆焦点偏离中心的距离与椭圆半径的比值;与长半径的比值称为"第一偏心率";与短半径的比值称为"第二偏心率"。

02.060 子午面 meridian plane
包含椭球旋转轴的平面。

02.061 子午圈 meridian
椭球子午面与椭球面的截线。

02.062 法截面 normal section
包含椭球面上一点法线的平面。

02.063 卯酉面 prime vertical plane
与子午面相垂直的法截面。

02.064 卯酉圈 prime vertical
椭球卯酉面与椭球面的截线。

02.065 平行圈 parallel circle
椭球面上平行于赤道面的圈。

02.066 子午圈曲率半径 radius of curvature in meridian
子午圈上一点的曲率半径(M)为:

$$M = a(1 - e^2)(1 - e^2\sin^2 B)^{-3/2}$$

式中:a—— 椭球长半径;e—— 椭球第一偏心率;B——大地纬度。

02.067 卯酉圈曲率半径 radius of curvature in prime vertical
卯酉圈上一点的曲率半径(N)为:

$$N = a(1 - e^2\sin^2 B)^{-1/2}$$

式中:a—— 椭球长半径;e—— 椭球第一偏心率; B——大地纬度。

02.068 平均曲率半径 mean radius of curvature
椭球面上一点的子午圈曲率半径和卯酉圈曲率半径的几何平均值。

02.069 大地线 geodesic

椭球面上两点间最短的曲线。

02.070　大地线微分方程　differential equation of geodesic

大地线长度与大地经纬度、大地方位角之间的微分关系式。

02.071　大地坐标　geodetic coordinate

大地坐标系中的坐标分量,即大地纬度、大地经度、大地高。

02.072　大地经度　geodetic longitude

起始大地子午面与椭球面上一点的大地子午面间的夹角。

02.073　大地纬度　geodetic latitude

椭球赤道面与椭球面上一点的法线间的夹角。

02.074　大地高　geodetic height, ellipsoidal height

一点沿椭球法线到椭球面的距离。

02.075　大地方位角　geodetic azimuth

椭球面上一点的大地子午线与过该点的大地线间的夹角。

02.076　天文大地垂线偏差　astro-geodetic deflection of the vertical

一点的重力线与椭球面法线间的夹角。

02.077　重力垂线偏差　gravimetric deflection of the vertical

一点的重力方向与正常重力方向的夹角。

02.078　垂线偏差改正　correction for deflection of the vertical

将地面上以重力线为准观测的水平方向归算为以椭球面法线为准的水平方向所加的改正。

02.079　标高差改正　correction for skew normal

将地面以椭球面法线为准的水平方向观测值归算到椭球面上时,顾及照准点标志的大地高对水平方向观测值的影响所加的改正。

02.080　截面差改正　correction from normal section to geodesic

将法截线方向化算为大地线方向所加的改正。

02.081　大地主题正解　direct solution of geodetic problem

已知一点的大地经度、大地纬度以及该点至待求点的大地线长度和大地方位角,计算待求点的大地经度、大地纬度和待求点至已知点的大地方位角的解算。

02.082　大地主题反解　inverse solution of geodetic problem

已知两点的大地经度和大地纬度,计算这两点间的大地线长度和正反大地方位角的解算。

02.083　高斯中纬度公式　Gauss midlatitude formula

用大地线两端点的平均纬度和方位角作为参数的大地主题解算公式。

02.084　贝塞尔大地主题解算公式　Bessel formula for solution of geodetic problem

由贝塞尔提出的一种长距离大地主题解算公式。即采用一个辅助球面,先确定椭球面上各元素同辅助球面上各元素之间的相互关系,然后在球面上进行大地主题解算,最后再归算到椭球面上。

02.085　高斯－克吕格投影　Gauss-Krüger projection

一种等角横切椭圆柱投影。其投影带中央子午线投影成直线且长度不变,赤道投影也成直线,并与中央子午线投影线正交。

02.086　归化纬度　reduced latitude

由下式定义的纬度(u):

$$u = \mathrm{arctg}[\sqrt{(1-e^2)}\,\mathrm{tg}B]$$

式中:e——椭球第一偏心率;B——大地纬度。

02.087 等量纬度 isometric latitude

椭球面对球面进行正射投影时,由下面微分关系式定义的大地纬度辅助量(q):

$$\mathrm{d}q = M/r\mathrm{d}B$$

式中:r——平行圈曲率半径;M——子午圈曲率半径;B——大地纬度。

02.088 中央子午线 central meridian

高斯投影带中央的大地子午线。

02.089 分带子午线 zone dividing meridian

高斯投影带边线的大地子午线。

02.090 高斯平面子午线收敛角 Gauss grid convergence

高斯投影平面上过一点平行于纵坐标轴的方向与过该点的大地子午线的投影曲线间的夹角。

02.091 高斯投影距离改正 distance correction in Gauss projection

地球椭球面上两点间的大地线长度化算为高斯平面上相应两点间的直线距离时所加的改正。

02.092 高斯投影方向改正 arc-to-chord correction in Gauss projection

地球椭球面上两点间的大地线方向化算到高斯平面上相应两点间的直线方向所加的改正。

02.093 底点纬度 latitude of pedal

高斯平面上过已知点向纵坐标轴作垂线与纵坐标轴交点的大地纬度。

02.094 高斯平面坐标系 Gauss plane coordinate system

利用高斯-克吕格投影,以中央子午线为纵轴,以赤道投影为横轴所构成的平面直角坐标系。

02.095 坐标方位角 grid bearing

笛卡儿平面直角坐标系中平行于纵坐标轴的方向与某一方向的夹角。

02.096 天文点 astronomical point

测定天文经纬度的地面点。

02.097 本初子午线 prime meridian

通过固定平极和经度原点的天文子午线。

02.098 经度起算点 origin of longitude

由若干天文台采用的天文经度起算值算得的平均天文经度零点。

02.099 极移 polar motion

地球瞬时自转轴相对于地球惯性轴的运动。

02.100 瞬时极 instantaneous pole

地球瞬时自转轴与地球表面的交点。

02.101 平极 mean pole

由若干极移监测站在一定时期内大量持续的纬度观测数据算得的平均地(北)极位置。

02.102 固定平极 fixed mean pole

作为长期固定采用的一种平极。

02.103 历元平极 mean pole of the epoch

由某一历元的观测数据并消去周期项变化后确定的一种平极。

02.104 国际协议原点 Conventional International Origin, CIO

国际大地测量学和地球物理学联合会于1960年在赫尔辛基会议上决定采用的由国际纬度局的五个极移监测站在1900~1905年期间的天文纬度观测数据所确定的固定平极。

02.105 地极坐标系 coordinate system of the pole

用于表示地球瞬间极点位置的笛卡儿平面直角坐标系。该坐标系以固定平极为原点,以与该点相切的面为坐标平面，且 X 轴指向本初子午线切线正方向，Y 轴指向从 X 轴顺时针旋转 90°的方向。

02.106 地球自转参数 earth rotation parameter, ERP

表示地球自转的速率、自转轴方向及其变化的参数。

02.107 恒星时 sidereal time

由天球上的春分点周日运动所确定的时间。

02.108 世界时 universal time, UT

过格林尼治平均天文台的本初子午线上以平子午夜作为零时开始的平太阳时。

02.109 儒略日 Julian Day

约定从公元前 4713 年 1 月 1 日格林尼治平子午(世界时 12h)开始起算到某天格林尼治平子午所经过的日数。

02.110 国际原子时 international atomic time, TAI

由国际时间局根据国际制秒(SI)的定义，利用原子钟所建立的以 1958 年 1 月 1 日世界时零时开始的一种时间。

02.111 协调世界时 coordinated universal time, UTC

以国际制秒(SI)为基准，用正负闰秒的方法保持与世界时相差在一秒以内的一种时间。

02.112 天文年历 astronomical ephemeris, astronomical almanac

刊登天体位置和天象及有关数据的一种定期出版物。

02.113 FK_4 星表 Fourth Fundamental Catalogue, FK_4

按照纽康太阳系运动理论和武拉德基于刚性的地球模型，相对于历元 1950.0 所建立的恒星星历表。

02.114 FK_5 星表 Fifth Fundamental Catalogue, FK_5

由德国海德堡天文计算研究所在 FK_4 的基础上采用 IAU1976 天文常数和 J 2000.0 动力学春分点所建立的恒星星历表。

02.115 中国大地测量星表 Chinese Geodetic Stars Catalogue, CGSC

我国于 1990 年所建立的供大地测量用的恒星星历表，属 FK_5 星表系统。

02.116 天文经度 astronomical longitude

本初子午面到过某点的沿重力线在大地水准面上的交点所在的天球子午面间的夹角。

02.117 天文纬度 astronomical latitude

过某点的沿重力线在大地水准面上的切线与天球赤道面的夹角。

02.118 钱德勒摆动 Chandler wobble

地面点的天文纬度呈 427 天的近似周期性的变量。

02.119 天文方位角 astronomical azimuth

过某点的重力线在大地水准面上交点的天球子午面和过另一点的重力线在大地水准面上的交点所组成的平面的夹角。

02.120 津格尔[星对]测时法 method of time determination by Zinger star-pair

又称“东西星等高测时法”。通过观测对称于子午圈的东西两颗恒星在同一高度上的时刻来测定天文经度的方法。

02.121 中天法 transit method

通过观测中天时的恒星来测定天文经度、天文纬度或天文方位角的方法。

02.122 恒星中天测时法 method of time determination by star transit

通过观测恒星中天时的时刻来测定天文经度的方法。

02.123 塔尔科特测纬度法 Talcott method of latitude determination

通过观测南北两颗近似等高的恒星中天时的天顶距差以测定天文纬度的方法。

02.124 多星等高法 equal-altitude method of multi-star

通过观测均匀分布于各象限内的若干恒星经过同一等高圈的时刻以同时测定天文经纬度的方法。

02.125 北极星任意时角法 method by hour angle of Polaris

通过观测在任意时角时的北极星(并记录时刻)和目标对测站的水平夹角以测定测站到目标的天文方位角的方法。

02.126 时号 time signal

由授时台发播的用于提供标准时刻的电磁波信号。

02.127 协调世界时时号 time signal in UTC

按协调世界时发播的时号。

02.128 收时 time receiving

通过接收时号将守时设备的时刻与标准时刻进行比较,以确定守时设备的钟差或钟速的过程。

02.129 时号改正数 correction to time signal

计划发播的时号时刻与实际发播的时号时刻之差。

02.130 电磁波传播[时延]改正 correction for radio wave propagation of time signal

对接收到的时号的时刻消除时号从发播地到收时地的传播时延所加的改正。

02.131 轴颈误差 error of pivot

由于经纬仪或子午仪等仪器的水平轴两端直径不等、不同心以及不圆引起水平轴倾斜所产生的观测误差。

02.132 人仪差 personal and instrumental equation

观测结果因观测者和仪器不同而产生的系统误差。

02.133 重力位 gravity potential

引力位和惯性离心力位之和。

02.134 重力 gravity

单位质点受地球及其他天体的引力和地球自转所产生的惯性离心力的合力。

02.135 岁差 precession

地球瞬时自转轴在惯性空间不断改变方向的长期性运动。

02.136 章动 nutation

地球瞬时自转轴在惯性空间不断改变方向的周期性运动。

02.137 矢量重力测量 vector gravimetry

测定重力的大小和方向或三维分量的重力测量。

02.138 引力 gravitation

宇宙空间中物质之间按照牛顿万有引力定律相互吸引的力。

02.139 离心力 centrifugal force

由于物体旋转而产生脱离旋转中心的力。

02.140 引力位 gravitational potential

其一阶导数为引力的标量函数。

02.141 离心力位 potential of centrifugal force

其一阶导数为离心力的标量函数。

02.142 正常引力位 normal gravitational potential

正常椭球产生的引力位。

02.143 正常重力位 normal gravity potential

正常引力位与离心力位之和。

02.144 地球位 geopotential

又称“大地位”。大地水准面上的重力位。

02.145　扰动位　disturbing potential

某点的重力位与正常重力位之差。

02.146　正常水准椭球　normal level ellipsoid

又称“水准椭球”。其表面为正常重力位水准面的旋转椭球。

02.147　正常重力场　normal gravity field

由正常椭球所产生的重力场。

02.148　正常重力　normal gravity

正常重力场中的重力。

02.149　正常重力线　normal gravity line

正常重力场中的力线。

02.150　正常重力公式　normal gravity formula

计算地球椭球面上正常重力的公式。

02.151　平均地球椭球　mean earth ellipsoid

符合全球大地水准面，具有与地球相同的质量、自转速率，中心位于地球质心，椭球旋转轴与地球自转轴重合的地球椭球。

02.152　大地测量参考系　geodetic reference system

确定地球椭球的一组几何和物理参数。

02.153　地心引力常数　geocentric gravitational constant

万有引力常数和地球总质量的乘积。

02.154　地球自转角速度　rotational angular velocity of the earth

地球本体绕通过其质心的旋转轴自西向东旋转的角速度。

02.155　地球重力场模型　earth gravity model

用一定数字形式表示地球重力场参数的数据集。

02.156　地球位系数　potential coefficient of the earth

地球引力位的球谐函数级数展开式中的系数。

02.157　带谐系数　coefficient of zonal harmonics

地球引力位的球谐函数展开式中次为零的位系数。

02.158　扇谐系数　coefficient of sectorial harmonics

地球引力位的球谐函数展开式中阶与次相同的位系数。

02.159　田谐系数　coefficient of tesseral harmonics

地球引力位的球谐函数展开式中阶与次不同的位系数。

02.160　克莱罗定理　Clairaut theorem

地球椭球扁率（α）和重力扁率（β）的近似关系式为：

$$\alpha + \beta = 5q/2$$

式中：q——地球赤道上的离心力与赤道上的正常重力之比。

02.161　大地测量边值问题　geodetic boundary value problem

已知地球表面或大地水准面上的有关的重力或重力位数据，并满足一定的条件确定地球形状的边值问题。

02.162　斯托克斯理论　Stokes theory

假设在大地水准面之外没有质量，利用在该面上的重力异常，并使其满足一定的边界条件确定大地水准面的理论。

02.163　斯托克斯公式　Stokes formula

根据斯托克斯理论建立的计算大地水准面上及其外部空间扰动位的公式。

02.164　莫洛坚斯基理论　Molodensky theory

由地面重力数据研究地球自然表面形状的理论。

02.165　莫洛坚斯基公式　Molodensky formula

根据莫洛坚斯基理论建立的以地形面为边界面，用混合重力异常作为边界值，解算地面及其外部空间扰动位的公式。

02.166 布耶哈马问题 Bjerhammar problem

根据在地球内部的等效球面上的边值条件，并使其结果与用地面上的边值条件求得的同一点的外部扰动位相等，从而确定地球形状的大地测量边值问题。

02.167 布隆斯公式 Bruns formula

表示扰动位(T)与大地水准面高(N)的关系式，即：

$$N = T/\gamma$$

式中：γ——大地水准面上的正常重力。

02.168 维宁·曼尼斯公式 Vening-Meinesz formula

利用斯托克斯理论或莫洛坚斯基理论建立的计算重力垂线偏差的公式。

02.169 大地水准面 geoid

一个与静止的平均海水面密合并延伸到大陆内部的包围整个地球的封闭的重力位面。

02.170 似大地水准面 quasi geoid

从地面点沿正常重力线量取正常高所得端点构成的封闭曲面。

02.171 近似地形面 telluroid

由地面点的天文经纬度和相应点的由正常椭球面起算的正常高所确定的曲面。

02.172 大地水准面高 geoidal height, geoidal undulation

大地水准面至地球椭球面的垂直距离。

02.173 高程异常 height anomaly

似大地水准面至地球椭球面的高度。

02.174 天文水准 astronomical leveling

用天文大地垂线偏差推算两点间的大地水准面高差或高程异常差的方法。

02.175 天文重力水准 astro-gravimetric leveling

用天文大地垂线偏差和重力数据推算两点间的大地水准面高差或高程异常差的方法。

02.176 重力测量 gravity measurement

测定重力加速度的技术和方法。

02.177 微重力测量 microgravimetry

微弱重力异常的测量技术与方法。

02.178 绝对重力测量 absolute gravity measurement

测定绝对重力加速度的技术和方法。

02.179 相对重力测量 relative gravity measurement

测定两点间重力加速度差值的技术和方法。

02.180 航空重力测量 airborne gravity measurement

利用机载重力仪或重力梯度仪在空中进行的重力测量。

02.181 重力梯度测量 gravity gradient measurement, gradiometry

重力位二阶导数的测量技术和方法。

02.182 重力基线 gravimetric baseline

由若干个高精度重力点组成的作为重力仪格值检测基准的基线。

02.183 重力点 gravimetric point

测定重力值的点。

02.184 基本重力点 basic gravimetric point

一个国家或地区最高精度级的重力控制点。

02.185 格洛纳斯导航卫星系统 global navigation satellite system, GLONASS

由俄罗斯研制和建立的用于全球导航和定位的卫星系统。

02.186 地基系统 ground-based system

观测平台在地面的测量系统。

02.187　空基系统　space-based system

观测平台在空间的测量系统。

02.188　多里斯系统　Doppler Orbitograph and Radio Positioning Intergrated by Satellite, DORIS

法国布设的星载多普勒接收机定位和地面跟踪定轨的集成系统。

02.189　普拉烈系统　Precise Range and Rangerate Equipment, PRARE

德国布设的精密测定距离及其变化率的系统。

02.190　波茨坦重力系统　Potsdam gravimetric system

由德国波茨坦大地测量研究所内的绝对重力点的起算值推算的重力值体系(1967 年国际大地测量协会把此点重力值定义为 $981\ 260 \times 10^{-5} \mathrm{m} \cdot \mathrm{s}^{-2}$)。

02.191　海军导航卫星系统　Navy Navigation Satellite System, NNSS

由美国海军研制和建立的利用多普勒频移测量技术导航和定位的卫星系统。

02.192　零漂改正　correction of zero drift

对测量仪器零点漂移引起的测量值随时间变化所加的改正。

02.193　重力潮汐改正　correction of gravity measurement for tide

对日、月引力引起地面点重力变化所加的改正。

02.194　重力归算　gravity reduction

将地面观测的重力值归算到大地水准面或其他参考面上的过程。

02.195　空间改正　free-air correction

将地面点的重力值按高度进行重力归算所加的改正。

02.196　地形改正　topographic correction

重力值归算时,顾及重力点周围地形起伏的质量所加的改正。

02.197　差分 GPS　differential GPS

通过在固定测站和流动测站上进行同步观测,利用在固定测站上所测得 GPS 定位误差数据改正流动测站上定位结果的卫星定位。

02.198　静态定位　static positioning

确定静态测站位置的定位。

02.199　动态定位　kinematic positioning

确定动态测站位置的定位。

02.200　相对定位　relative positioning

通过在多个测站上进行同步观测,测定测站之间相对位置的定位。

02.201　单点定位　point positioning

利用单台接收机的观测数据测定观测点位置的卫星定位。

02.202　单差相位观测　single difference phase observation

在卫星定位中,两站对同一卫星单程相位观测值之差。

02.203　双差相位观测　double difference phase observation

在卫星定位中,两站对两颗卫星所作的单差相位观测值之差。

02.204　三差相位观测　triple difference phase observation

在卫星定位中,两站对两颗卫星在相邻历元所作的双差相位观测值之差。

02.205　周跳　cycle slip

在 GPS 载波相位观测中,因卫星信号失锁引起的相位整周跳变。

02.206　相位模糊度解算　phase ambiguity resolution

在 GPS 载波相位观测的数据处理中,恢复所丢失的相位整周数的技术。

02.207 法伊改正 Faye correction

在重力归算中空间改正与地形改正之和。

02.208 地壳均衡改正 isostatic correction

根据地壳均衡假说,对重力值所加的改正。

02.209 层间改正 plate correction

在重力归算中移去过重力点的水准面与大地水准面之间的质量所加的改正。

02.210 布格改正 Bouguer correction

在重力归算中空间改正与层间改正之和。

02.211 重力异常 gravity anomaly

大地水准面上的重力值与相应点在地球椭球面上的正常重力值之差。或地球自然表面上的重力观测值与相应点在近似地形面上的正常重力值之差。

02.212 布格异常 Bouguer anomaly

施加布格改正后的重力异常。

02.213 空间异常 free-air anomaly

施加空间改正后的重力异常。

02.214 纯重力异常 pure gravity anomaly

同一点的重力值与正常重力值之差。

02.215 重力垂直梯度 vertical gradient of gravity

重力在垂直方向上的变化率。

02.216 重力水平梯度 horizontal gradient of gravity

重力在水平方向上的变化率。

02.217 重力异常阶方差 degree variance of gravity anomaly

重力异常球谐函数中某阶各次球谐系数平方和的均方值。

02.218 协方差函数 covariance function

表示随机变量之间线性相关的一种函数。

02.219 固体潮 [solid] Earth tide

在日、月等天体引力作用下,固体地球产生周期性变化的现象。

02.220 重力固体潮观测 gravity observation of Earth tide

对引潮力垂直分量引起的重力值的变化所作的观测。

02.221 地倾斜观测 ground tilt measurement

对引潮力水平分量引起的垂线方向的变化所作的观测。

02.222 地壳形变观测 crust deformation measurement

对地壳的水平和垂直运动所作的观测。

02.223 监测网 monitoring network

监测地壳运动的各种测量网。

02.224 引潮位 tide-generating potential

日、月等天体对地球表面点的引力位与对地心的引力位之差。

02.225 引潮力 tide-generating force

引起地球潮汐现象的力。

02.226 海潮模型 ocean tidal model

以一定的数字形式表示海潮位的数学模型。

02.227 平衡潮 equilibrium tide

假设地球为刚体,其表面均匀覆盖着海水,在日、月引力的作用下所产生的周期性的形变现象。

02.228 负荷潮 load tide

由于日、月等天体的引力影响引起海水负载变化,使地面在一定区域产生周期性形变的现象。

02.229 附加位 additional potential

在日、月等天体引力作用下,弹性地球形变引起物质重新分布所产生的位。

02.230 潮汐波 tidal wave

由引潮力所产生的地球表面的周期性波动。

02.231 杜德森常数 Doodson constant

用下式表示的常数(D):

$$D = 3GM \cdot R^2/4C^3 \text{且}:R = a^{2/3}b^{1/3}$$

式中:C——地、月心之间的平均距离;GM——地心引力常数;a——椭球长半径;b——椭球短半径。

02.232 勒夫数 Love's number

平衡潮与真实固体潮之间的比例常数。

02.233 志田数 Shida's number

地面点的固体潮水平位移与相应平衡潮水平位移之比值。

02.234 潮汐因子 tidal factor

固体潮的观测振幅与理论振幅之比值。

02.235 地球动力扁率 dynamic ellipticity of the earth

表征地球力学性质的一个量,用公式表示则为:

$$H = C - A \text{或} H = \alpha - \alpha^2/2。$$

式中:C—— 地球转动惯量;A—— 转动惯量平均值;α—— 几何扁率。

02.236 地球动力因子 dynamic factor of the earth

地球引力位球谐函数级数展开式中的二阶带谐系数。

02.237 冰后回弹 post glacial rebound

冰盖消融后地壳逐渐回弹的现象。

02.238 地壳均衡 isostasy

地壳各个地块在一定深度趋向静力平衡的状态。

02.239 惯性坐标系 inertial coordinate system

相对于惯性空间静止或作匀速直线运动的坐标系。

02.240 天球坐标系 celestial coordinate system

以天极和春分点作为天球定向基准的坐标系。

02.241 轨道坐标系 orbital coordinate system

以地球质心为原点,以指向瞬时天极为 Z 轴,以指向位于瞬时赤道上某一假想的春分点为 X 轴的右手笛卡儿直角天球坐标系。

02.242 地固坐标系 body-fixed coordinate system, earth-fixed coordinate system

以地球质心为原点,以指向固定平极为 Z 轴,以指向经度原点为 X 轴的右手笛卡儿直角地球坐标系。

02.243 站心坐标系 topocentric coordinate system

以测站为原点的坐标系。

02.244 地心经度 geocentric longitude

地心坐标系中本初子午面到过某点的子午面的夹角。

02.245 地心纬度 geocentric latitude

地心坐标系中某点的向径与赤道面的夹角。

02.246 平移参数 translation parameters

两坐标系转换时,新坐标系原点在原坐标系中的坐标分量。

02.247 旋转参数 rotation parameters

两坐标系转换时,把原坐标系中的各坐标轴左旋转到与新坐标系相应的坐标轴重合或平行时坐标系各轴依次转过的角度。

02.248 地球定向参数 earth orientation parameter, EOP

表示地球参考系相对天球参考系定向的参数。

02.249 尺度参数 scale parameter

两坐标系转换时引入的两坐标系中长度变

化参数。

02.250 受摄轨道 disturbed orbit
有摄动力作用时天体运行的轨道。

02.251 平均运动 mean motion
天体运动的平均角速度。

02.252 卫星高度 satellite altitude
卫星离地面的高度,一般指卫星至卫星星下点之间的距离。

02.253 卫星星下点 satellite nadir point
卫星在地面的投影点。

02.254 欧洲遥感卫星 Europe Remote Sensing Satellite, ERS
欧洲空间局发射的用于遥感、卫星测高等目的的卫星。

02.255 卫星构形 satellite configuration
多颗卫星在空间所构成的几何图形。

02.256 卫星运动方程 equation of satellite motion
表示卫星运动的加速度和作用力之间关系的微分方程。

02.257 摄动力 disturbing force
对天体运动起支配作用的质心万有引力以外的附加作用力。

02.258 卫星受摄运动 perturbed motion of satellite
卫星受摄动力作用时的运动。

02.259 摄动函数 disturbing function
摄动力的位函数。

02.260 地球引力摄动 terrestrial gravitational perturbation
由于地球质量分布不均匀和非球性对称引起的摄动。

02.261 日月引力摄动 lunisolar gravitational perturbation
由太阳和月亮的引力作用引起的摄动。

02.262 海洋负荷 oceanic load
由于日、月等天体的引力影响引起海水变化所导致的负荷。

02.263 大气阻力摄动 atmospheric drag perturbation
由于大气阻力作用引起的摄动。

02.264 太阳光压摄动 solar radiation pressure perturbation
由于太阳辐射压力作用引起的摄动。

02.265 潮汐摄动 tidal perturbation
由于潮汐形变作用引起的摄动。

02.266 运动方程分析解 analytical solution of motion equation
用分析方法求解的运动方程在给定时刻的位置数值。

02.267 运动方程数值解 numerical solution of motion equation
用数值方法求解的运动方程在给定时刻的位置数值。

02.268 状态向量 state vector
表示天体运动状态的位置和速度的向量。

02.269 卫星共振分析 analysis of satellite resonance
对地球引力摄动位引起人造地球卫星共振摄动的条件所作的分析。

02.270 卫星轨道改进 improvement of satellite orbit
利用测站观测数据和动力学模型精化卫星轨道的方法。

02.271 卫星激光测距 satellite laser ranging, SLR
利用激光测距仪在地面上跟踪观测装有激

光反射棱镜的卫星,测定测站到卫星的距离的技术和方法。

02.272 卫星多普勒[频移]测量 satellite Doppler shift measurement
测定卫星发播的无线电信号的多普勒频移或多普勒计数,以确定测站到卫星的距离变化率的技术和方法。

02.273 卫星测高 satellite altimetry
利用卫星上的测高仪测定卫星到瞬时海水面(或平坦地面)的垂直距离的技术和方法。

02.274 卫星跟踪卫星 satellite to satellite tracking, SST
利用一颗卫星跟踪另一颗卫星,测定彼此间的距离变化或相对速度变化的技术和方法。

02.275 卫星跟踪站 satellite tracking station
连续跟踪卫星以确定其轨道的永久性地面观测站。

02.276 卫星重力梯度测量 satellite gradiometry
利用在近地卫星上携带的重力梯度仪,测定地球重力梯度以求定重力场的方法。

02.277 同步观测 simultaneous observation
同一时刻在至少两个测站上对相同目标进行观测的方法。

02.278 卫星多普勒定位 satellite Doppler positioning
利用多普勒频移测量原理所进行的卫星定位。

02.279 多普勒单点定位 Doppler point positioning
在单个测站上进行卫星多普勒定位的方法。

02.280 多普勒联测定位 Doppler translocation
在多个测站上进行卫星多普勒定位的方法。

02.281 多普勒短弧法定位 Doppler positioning by the short arc method
在多个测站上观测某一轨道短弧段上的卫星,并把这一弧段上的卫星轨道参数全部或部分作为未知数处理的多普勒定位方法。

02.282 伪距测量 pseudo-range measurement
利用卫星发播的伪随机码与接收机复制码的相关技术,测定测站到卫星含有时钟误差的距离的技术和方法。

02.283 载波相位测量 carrier phase measurement
测定卫星发播的载波信号或副载波信号与由接收机产生的本振信号之间相位差的技术和方法。

02.284 钟偏 clock offset
标准时刻与钟面时刻之差。

02.285 钟速 clock rate
某一钟面时间段内钟差的变化率。

02.286 粗码 coarse/acquisition code, C/A code
卫星发播的一种用于粗略测距及快速捕获精码的伪随机噪声码。

02.287 精码 precise code, P code
卫星发播的一种用于精密测距的伪随机噪声码。

02.288 频偏 frequency offset
实际频率相对于标准频率的偏差。

02.289 频漂 frequency drift
相对于起始频偏的变化。

02.290 多普勒计数 Doppler count
本振频率与接收到的频率之差在一定时间间隔内对时间的积分。

02.291 广播星历 broadcast ephemeris
卫星发播的预报一定时间内卫星轨道信息

的电文信息。

02.292 精密星历 precise ephemeris
供卫星精密定位所使用的卫星轨道信息。

02.293 电离层折射改正 ionospheric refraction correction
对电磁波通过电离层时由于传播速度的变化以及传播路线弯曲所产生的折射误差的改正。

02.294 河外致密射电源 extragalactic compact radio source
又称“类星体”。银河系以外发射无线电磁波的密集信号源。

02.295 大地天顶延迟 atmosphere zenith delay
电磁波从天顶方向通过大气层时由于传播速度变化和传播路线弯曲所引起的时间延迟。

02.296 失锁 loss of lock
由于电磁波信号受到干扰,致使接收机不能正常接收信号或使信号跟踪测量过程产生中断的现象。

02.297 多路径效应 multipath effect
无线电载波信号受到障碍物反射影响所产生多路径传播的现象。

02.298 对流层折射改正 tropospheric refraction correction
对电磁波通过对流层时由于传播速度的变化以及传播路线弯曲所产生的折射误差的改正。

02.299 相对论改正 relativistic correction
相对论效应对电磁波传播、时间系统和坐标系统等影响的改正。

02.300 甚长基线干涉测量 very long baseline interferometry, VLBI
利用电磁波干涉原理,在多个测站上同步接收河外致密射电源(类星体)发射的无线电信号并对信号进行测站间时间延迟干涉处理以测定测站间相对位置以及从测站到射电源的方向的技术和方法。

02.301 激光测月 lunar laser ranging, LLR
利用激光测距仪在地面跟踪观测月球表面上安置的激光反射棱镜,测定地面测站到月球的距离的技术和方法。

02.302 整体大地测量 integrated geodesy
将大地测量中的各类几何与物理观测量进行整体处理的理论和技术。

02.303 误差理论 theory of errors
研究测量误差的性质、传播规律,削弱误差影响,求最佳估值和估算误差影响的理论。

02.304 多余观测 redundant observation
超过确定未知量所必需的观测数量的观测。

02.305 真误差 true error
观测值与其真值之差。

02.306 闭合差 closing error, closure
测量函数的计算值与理论值之差。

02.307 限差 tolerance
在一定测量条件下规定的测量误差绝对值的允许值。

02.308 相对误差 relative error
测量误差与其相应的观测值之比。

02.309 绝对误差 absolute error
在测量中不考虑某量的大小,而只考虑该量的近似值对其准确值的误差本身的大小。

02.310 误差椭圆 error ellipse
描述待定点位置各方向上误差分布规律的椭圆。

02.311 边长中误差 mean square error of side length
表示测量控制网边长精度的一种数值指标。

通常采用相对中误差的形式，其值为中误差与边长之比。

02.312 测角中误差 mean square error of angle observation

表示三角（导线）控制网角度精度的一种数值指标。一般依三角形闭合差或平差改正数求得。

02.313 方位角中误差 mean square error of azimuth

表示测量控制网中边的方位角精度的一种数值指标。一般由观测值或由推算求得。

02.314 坐标中误差 mean square error of coordinate

表示点的坐标精度的一种数值指标。通常按坐标分量中误差形式给出，由推算或依观测值求得。

02.315 点位中误差 mean square error of a point

表示点位精度的一种数值指标。依各坐标分量中误差通过计算求得。

02.316 高程中误差 mean square error of height

表示点的高程精度的一种数值指标，由推算或依观测值求得。

02.317 平均误差 average error

测量误差绝对值的数学期望。

02.318 概然误差 probable error

测量误差的概率等于 1/2 时的正负界限内的误差。

02.319 极限误差 limit error

在一定观测条件下偶然误差的绝对值不应超过的限值。

02.320 截断误差 truncation error

级数展开中舍去部分引起的误差。

02.321 权 weight

衡量测量值（或估值）及其导出量相对可靠程度的一种指标。

02.322 单位权 unit weight

数值等于 1 的权。

02.323 权函数 weighting function

在求某量的权倒数时所列出的该量与平差未知数间的函数关系式。

02.324 权系数 weight coefficient

间接平差中为推导未知量的权倒数而引入的一组不定系数。

02.325 单位权方差 variance of unit weight

又称“方差因子”。权为 1 的观测值的方差。

02.326 权矩阵 weight matrix

单位权方差为 1 时方差－协方差矩阵（即协因数矩阵）的逆矩阵。

02.327 权逆阵 inverse of weight matrix

权矩阵的逆矩阵。

02.328 方差－协方差矩阵 variance-covariance matrix

由随机变量的方差为主对角线元素，以随机变量之间的协方差为非对角元素构成的对称方阵。

02.329 方差－协方差传播律 variance-covariance propagation law

由观测值的方差－协方差计算观测值函数的方差－协方差的关系式。

02.330 精度因子 dilution of precision, DOP

在卫星定位中描述卫星构形对定位精度影响的因子。

02.331 误差检验 error test

检查测量值误差的性质和分布情况的过程。

02.332 抗差估计 robust estimation

又称“稳健估计”。消除和削弱观测误差中

粗差对参数估计的干扰和影响，求解最佳估值的方法。

02.333 最小二乘法 least square method
在残差满足 VPV 为最小的条件下解算测量估值或参数估值并进行精度估算的方法。其中 V 为残差向量，P 为其权矩阵。

02.334 参数平差 parameter adjustment
又称“间接平差”。利用观测值和待求参数之间的函数关系，按最小二乘法进行平差的方法。

02.335 附条件参数平差 parameter adjustment with conditions
又称“附条件间接平差”。在参数平差中，列入某些未知量之间的条件方程式，并与误差方程式一起按最小二乘法进行平差的方法。

02.336 观测方程 observation equation
在观测值和待估参数之间建立的函数关系式。

02.337 条件平差 condition adjustment
根据各观测元素间的几何、物理条件或附加条件和约束条件，按最小二乘法进行平差的方法。

02.338 附参数条件平差 condition adjustment with parameters
在条件平差的条件方程式中包括有未知数，按最小二乘法进行平差的方法。

02.339 条件方程 condition equation
根据各观测元素间的几何、物理条件或附加条件和约束条件建立的方程式。

02.340 联系数 correlate
条件平差中为求条件极值而引入的一系列不定乘数。

02.341 法方程 normal equation
在最小二乘法平差中，为求解条件方程组和误差方程组所组成的对称正定的方程组。

02.342 序贯平差 sequential adjustment
是一种逐次递推的平差方法。每增加一组新的观测数据，可按递推公式利用原求出的未知数参数估值和权逆阵，求出参数新估值和权逆阵。

02.343 秩亏平差 rank defect adjustment
解决法方程系数矩阵秩亏问题的一种平差方法。

02.344 拟稳平差 quasi-stable adjustment
将平差计算中的待定点分为非稳定点和相对稳定的拟稳点两类，求解最佳估值的方法。

02.345 天文大地网平差 adjustment of astrogeodetic network
按最小二乘法求定天文大地网中各要素（角度、边长、方位角、坐标）的最佳估值和评定其精度所进行的平差计算。

02.346 最小二乘配置法 least squares collocation
又称“最小二乘拟合推估法”。根据最小二乘原理，按一种特定的拟合法则，对随机参数和非随机参数进行推估的数据处理方法。

02.347 相关平差 adjustment of correlated observation
顾及观测值相关因素的最小二乘法平差。

02.348 平差值 adjusted value
测量平差所求得的观测值及待估参数的估值。

02.349 1971 国际重力基准网 International Gravity Standardization Net 1971, IGSN 1971
国际大地测量与地球物理联合会（IUGG）将 1950～1970 年通过国际合作建立的全球重力网作为国际重力基准。

02.350 1984 世界大地坐标系 World Geodetic System 1984, WGS-84

美国军用大地坐标系统,坐标系定义和国际地球参考系统(ITRS)一致,大地测量基本常数为:$a = 6\ 378\ 137\text{m}$,

$$GM = 3.986\ 004\ 418 \times 10^{14}\text{m}^3\text{s}^{-2},$$
$$1/f = 298.257\ 223\ 563,$$
$$\omega = 7.292\ 115 \times 10^{-5}\text{rad} \cdot \text{s}^{-1}。$$

02.351 1985 国家重力基准网 National Gravity Fundamental Network 1985, NGFN 1985

1985 年中国建立的由 6 个重力基准点,46 个基本重力点和 5 个引点组成的重力基准网。

02.352 2000 国家 GPS 大地控制网 National GPS Geodetic Control Network 2000

将中国已有的 3 个大规模 GPS 网联合平差后,得到的以三维地心坐标为特征的高精度全国性大地控制网。

02.353 2000 国家重力基准网 National Gravity Fundamental Network 2000, NGFN 2000

2000 年中国建立的由 21 个重力基准点,126 个基本重力点组成的重力基准网。

02.354 GPS 水准 GPS leveling

GPS 联合(似)大地水准面模型获取(正常高)正高的一种高程测量技术。

02.355 K 波段测距 K-band ranging, KBR

利用 K 波段测距系统测量两颗低轨卫星间双向单程距离的技术。

02.356 标准定位服务 standard positioning service, SPS

用 C/A 码所获得的民用级精度的单点定位服务。

02.357 差分全球定位系统 differential global positioning system, DGPS

利用差分定位原理进行定位的系统,由地面 GPS 基准站、发送 GPS 差分信号的中心站和用户站组成。

02.358 潮汐频谱 tidal spectrum

潮汐内部能量相对于频谱的分布。

02.359 尺度 scale

坐标系轴系的长度基准。

02.360 垂直精度衰减因子 vertical dilution of precision, VDOP

卫星几何分布对高程方向不定性影响的描述。

02.361 大地测量反演 geodetic inversion

根据大地测量成果,如坐标,距离,角度,重力场以及它们的时变,推算构成这些数值及其变化的几何和物理因素。

02.362 大地测量基准 geodetic datum

由大地测量坐标系定义和大地测量几何与物理常数构成。包括平面基准,高程基准,重力基准,深度基准和时间基准。

02.363 大气传播延迟 atmospherical propagation delay

电磁波在大气中由于传播路径弯曲所引起的传播时间的延迟。

02.364 导航电文 navigation message

导航信息的二进制数据码。包括卫星星历、时钟改正数、卫星工作状态、轨道摄动改正、大气折射改正等信息。

02.365 地球科学激光测高系统 geoscience laser altimeter system, GLAS

星载激光测高系统,用来测量冰盖高程及其随时间的变化,以及云层、气溶胶、陆地地形、植被厚度和海冰厚度等。

02.366 地球曲率改正 correction for earth's curvature

由于地球曲率的影响,使得经过望远镜旋转中心处的水平面和水准面在被测目标的铅垂线方向的交点不是同一个点。对此进行的修正。

02.367 地球重力场 earth's gravity field
地球重力作用的空间,是地球的一种重要物理特性,反映地球内部物质分布、运动和变化状态,并制约地球及其邻近空间的物理事件。

02.368 地形均衡异常 topographic-isostatic anomaly
地形均衡异常是在观测的重力值加上空间改正、布格片改正、局部地形改正和均衡改正后并减去对应椭球面上的正常重力值。

02.369 电磁波测距高程导线测量 the EDM height traversing
利用电磁波测距和观测天顶距传递地面点高程的测量方法。

02.370 电离层穿刺点 ionospheric pierce point, IPP
电磁波源由外空间向地球上某点传播时,该电磁波束射入电离层时的交点。

02.371 断层位错测量 fault dislocation surveying
对完整的地质块体中的滑移地区和未滑移地区分界滑移量(即断层位错)进行的直接或间接测量。

02.372 方差－协方差分量估计 variance-covariance component estimation
通过平差得到的改正数向量去估计方差－协方差矩阵中的主对角线元素方差分量和非对角线元素协方差分量的过程。

02.373 负荷位 load potential
由于质量迁移(如海潮,大气扰动等)导致地球负荷变化而产生的地球引力位变化。

02.374 伽利略卫星导航系统 Galileo satellite navigation system
由欧盟研制和建立的全球卫星导航定位系统。

02.375 惯性大地测量 inertial geodetic surveying
通过惯性元件(陀螺仪和加速度计等)感受载体(汽车或飞机等)在运动过程中的加速度,进而求得载体在空间的位置变化,如经纬度、高程、方向角、重力异常和垂线偏差的增量等。

02.376 惯性导航系统 inertial navigation system, INS
利用安装在运动载体惯性平台上的惯性敏感元件(陀螺仪和加速度计)测量运动加速度,并自动推算运动载体速度和位置数据的自主式导航系统。

02.377 广域差分全球定位系统 wide area differential GPS, WADGPS
对 GPS 观测量的各种误差源进行“模型化”,将计算出来的每一个误差源的差分改正值通过数据通信链传输给用户,改正用户观测误差,提高用户 GPS 定位精度。

02.378 广域增强系统 wide area augmentation system, WAAS
为提高卫星导航系统的定位精度,增强地基完备性监测能力,由若干已知点位的参考站、中心站、地球同步卫星和具有差分处理功能的用户接收机组成的系统。

02.379 国际 GNSS 服务 International GNSS Service, IGS
提供全球导航卫星系统,包括 GPS、GLONASS、GALILEO 等卫星星历,卫星钟差以及相应卫星系统的地面基准站坐标等方面信息的国际组织。

02.380 国际地球参考系统 international terrestrial reference system, ITRS

由国际地球自转服务(IERS)给出的地球坐标系统的定义和大地测量常数。

02.381 国际地球自转和参考系服务 International Earth Rotation and Reference Systems Service, IERRSS

提供地球自转速度,极移及其变化和定义国际大地坐标参考系统及其框架的国际组织。

02.382 国际时间局 Bureau International de I'Heure, BIH

提供各种时间系统标准及其相互转换关系的国际组织。

02.383 恒星敏感器 stellar sensor

通过拍摄恒星位置确定卫星姿态的高精度摄影机。

02.384 弧度测量 arc measurement

通过测量同一子午圈上两点的纬度差及长度来确定地球半径的一种方法。

02.385 几何精度衰减因子 geometric dilution of precision, GDOP

卫星几何分布对三维空间坐标分量加时钟误差不定性影响的描述。

02.386 加速度计 accelerometers, ACC

精确测量作用于运动载体上的非保守力的仪器。

02.387 接收机可交换格式 receiver indepedent exchange format, RINEX

为各种不同品牌接收机观测数据而定义的数据交换模式。

02.388 截止高度角 elevation mask

为了屏蔽遮挡物及多路径效应的影响所限定的接收数据的卫星最低高度角。

02.389 精密单点定位 precise point positioning, PPP

利用单台GPS双频双码接收机的观测数据,以及GPS卫星精密星历和精密卫星钟,进行分米级的实时动态定位和厘米级的快速静态定位。

02.390 精密定位服务 precise positioning service, PPS

用双频P码所获得的军用动态高精度定位。

02.391 局域增强系统 local area augmentation system, LAAS

GPS的增强系统,由基准站提供差分改正值,通过无线电数据通信链传输到具有差分处理功能的用户接收机,提高卫星导航系统的定位精度。

02.392 宽巷观测值 wide lane observation

由 L_1+L_2 得到的具有较长波长的组合观测值。

02.393 连续运行基准站 continuously operating reference stations, CORS

连续接收和发送本站坐标及其变化,GNSS星历,星钟差等信息的地面固定站。

02.394 全球大地测量观测系统 global geodetic observing system, GGOS

全球并址观测空间大地测量信息的接收站(如VLBI,SLR,CORS,重力测量仪器等)的总称。

02.395 全球定位系统 global positioning system, GPS

由美国研制和建立的在全球范围内进行卫星导航和定位的系统。

02.396 扰动重力 disturbing gravity

地面(或其他天体)同一点的实际重力值与该点的正常重力值之差。

02.397 三轴稳定姿态控制 three-axis stabilized attitude control system, ACS

使卫星在3个轴方向维持稳定的一种卫星姿态控制方法。

02.398　时变重力场　time-varying gravity field

由于质量重新分布引起的相对于稳定平均重力场随时间变化的重力场信息。

02.399　时间精度衰减因子　time dilution of precision, TDOP

卫星几何分布对时间误差不定性影响的描述。

02.400　实时定位　real-time positioning

跟踪卫星实时确定接收机位置的卫星定位。

02.401　实时动态测量　real-time kinematic survey

通过基准站和流动站的同步观测,利用载波相位观测值实现快速高精度定位功能的差分测量技术。

02.402　实时伪距差分　real-time kinematic pesudorange difference, RTD

通过基准站和流动站的同步观测,利用基准站所测得的伪距误差数据改正流动站上定位结果的卫星定位。

02.403　水平精度衰减因子　horizontal dilution of precision, HDOP

卫星几何分布对水平方向不定性影响的描述。

02.404　天顶方向总电子含量　vertical total electron content, VTEC

垂直于测站上方的电离层单位面积柱体中电子总数。

02.405　网络 RTK　network RTK

在某一区域内建立构成网状覆盖的多个 GPS 基准站,利用载波相位观测值,以这些基准站中的一个或多个为基准计算和发播 GPS 改正信息,对该区域内的用户进行实时改正定位。

02.406　伪距　pseudorange, pseudo-range

含有用户站时钟和卫星时钟的偏差影响的地面接收机所测量到的地面点与卫星之间的距离。

02.407　伪随机噪声　pseudorandom noise, PRN

既具有随机噪声的性质又具有规则的波形,便于重复产生和处理的噪声。

02.408　伪卫星　pseudolite, pseudo-satellite

布设于地面上发射某种定位信号的发射器,通常发射类似于 GPS 的信号。

02.409　卫星星座　satellite constellation

一组卫星空间位置分布和排列。

02.410　卫星重力学　satellite gravimetry

研究利用卫星重力探测技术恢复重力场信息及其时变信息的理论和方法。

02.411　完备性　integrity

当系统发生故障,系统的差分 GPS 信号不能用于导航和定位时,系统向用户提供及时报警的能力。

02.412　位置精度衰减因子　position dilution of precision, PDOP

卫星几何分布对三维空间坐标分量不定性影响的描述。

02.413　相位滞后　phase lag

输出正弦波与输入正弦波信号相位差值。

02.414　星基增强系统　satellite based augmentation systems, SBAS

将卫星作为数据通信链的 GPS 增强系统。

02.415　形变测量　deformation measurement

对实体的形状改变,例如挠度变化、位置变化等所进行的观测。

02.416　虚拟参考站技术　virtual reference station, VRS

在某一区域内建立构成网状覆盖的多个

GPS 基准站,在流动站附近建立一个虚拟基准站,根据周围各基准站上的实际观测值算出该虚拟基准站的虚拟观测值,实现用户站的高精度定位。

02.417 用户自主式完备性监测 receiver autonomous integrity monitoring, RAIM
根据用户接收机多余观测值监测用户定位结果。

02.418 窄巷观测值 narrow lane observations
由 L_1+L_2 得到的具有比 L_1、L_2 都小的观测噪声的组合观测值。

02.419 整周模糊度 integer ambiguity
载波在空间传输的整周期数,无法通过观测获得的未知数。

02.420 钟差 clock bias
标准时刻与钟面时刻之差。

02.421 重力扁率 gravity flattening
地球极点与赤道的正常重力差同赤道正常重力的比值。

02.422 重力基本微分方程 fundamental gravity differential equation
表征大地水准面上重力异常、正常重力、扰动位及其一阶径向导数基本关系的微分方程。

02.423 姿态测量 attitude measurement
确定测量载体、测量仪器或测量有效载荷的轴系在惯性空间中指向的过程。

02.424 组合导航 integrated navigation
综合各种导航设备,由监视器和计算机进行控制的导航系统。

02.425 北斗卫星导航系统 Compass
由中国自主研制和建立的用于导航和定位的卫星系统。

02.426 2000 国家大地控制网 2000 National Geodetic Control Network of China
2000 国家 GPS 大地控制网、与该网联合平差后的国家天文大地网和 2000 国家重力基本网。

02.427 1957 国家重力基准网 National Gravity Fundamental Network 1957, NGFN 1957
1957 年中国建立的由 27 个重力基本点组成的重力基准网,没有绝对重力测量点。

02.428 惯性测量装置 inertial measurement units, IMU
输出确定导航参数如姿态(航向,俯仰,横滚),速度和位置的设备。

02.429 梯度测量 gradient measurement
测量力在其作用方向上的单位时间或单位距离的变化。

03. 摄影测量与遥感学

03.001 摄影测量学 photogrammetry
研究利用摄影影像测定目标物的形状、大小、空间位置、性质和相互关系的一门学科。

03.002 摄影学 photography
研究利用光化学和光电原理摄取物体影像的一门学科。

03.003 航天摄影 space photography
从地球大气层以外的宇宙空间对星球(主要是地球)及其环境的摄影。

03.004 航空摄影 aerial photography
从空中对地球的摄影。

03.005 航空摄影机 aerial camera

实施航空摄影的专用摄影机。

03.006 非量测摄影机 non-metric camera
指不是专为摄影测量目的设计制造的摄影机。内方位元素不稳定或不能记录,没有框标,一般无外部定向设备。

03.007 立体摄影机 stereocamera, stereometric camera
能同步摄影得到立体像对的摄影机。

03.008 量测摄影机 metric camera
专为摄影测量目的设计制造的摄影机。内方位元素已知,具有框标,物镜畸变经严格校正。

03.009 全景摄影机 panoramic camera, panorama camera
摄影时,摄影机镜头的光轴能从一侧到另一侧扫描所拍摄的范围,从而获得很宽拍摄范围的摄影机。

03.010 框幅摄影机 frame camera
曝光瞬间能对整个幅面同时成像的摄影机。

03.011 条幅[航带]摄影机 continuous strip camera, strip camera
在摄影过程中,缝隙快门始终打开,光轴指向不变,感光胶片以掠过焦面的地物影像速度向前运行的摄影机。

03.012 CCD 摄影机 charge-coupled device camera, CCD camera
用线阵列或面阵列的电荷耦合器件作为探测器的摄影机。

03.013 多光谱摄影机 multispectral camera
将来自目标光波按波长分割成若干波段,然后分别将各个波段的影像同时拍摄(或记录)下来的一种专用摄影机。

03.014 地面摄影机 terrestrial camera
专为地面摄影测量用的摄影机。

03.015 弹道摄影机 ballistic camera
具有弹道跟踪、同步摄影和记时功能的一种精密地面摄影机。

03.016 水下摄影机 underwater camera
带有高压防水机壳和窗口的,专门用于水下摄影的摄影机。

03.017 大像幅摄影机 large format camera, LFC
指美国宇航局航天飞机对地摄影用的幅面为 230mm×460mm 的摄影机。

03.018 恒星摄影机 stellar camera
与对地摄影机相联,通过对恒星摄影以确定对地摄影机姿态的摄影机。

03.019 地平线摄影机 horizon camera
一种附设在航空、航天摄影机上的沿像片 X, Y 方向记录像片的视地平线的摄影机。

03.020 反束光导管摄影机 return beam vidicon camera
用反束光导摄像管(RBV)作为接收器件的电视摄影机。

03.021 摄影机检校 camera caliberation
检校摄影机方位元素和系统误差的过程。

03.022 像幅 picture format
像片的构像幅面尺寸。

03.023 框标 fiducial mark
摄影机承片框上用于标定承影面中心位置的标志。

03.024 像移补偿 image motion compensation, IMC
对遥感器平台在成像瞬间相对于所摄目标的位移引起的像点位移的自动补偿改正。

03.025 焦距 focal length
物镜后主点至焦点的距离。

03.026 快门 shutter

控制摄影机曝光时间的机件。

03.027 中心式快门 between-the-lens shutter, lens shutter

由多个叶片组成,开启时从中心向四周打开镜头的有效光孔,又从四周向中心关闭有效光孔的快门。

03.028 帘幕式快门 focal plane shutter, curtain shutter

又称“焦面快门”。由位于焦面上两块不透光的幕帘(其中一块开有缝隙)组成,靠帘幕的移动控制曝光时间。

03.029 景深 depth of field

摄取有限距离的景物时,可在像面上构成清晰影像的物距范围。

03.030 超焦点距离 hyperfocal distance

当物镜调焦在无穷远时,可在焦面上构成清晰影像的最近物距。

03.031 光圈 aperture

又称“有效孔径”。控制进入物镜光量的光栏装置。

03.032 光圈号数 f-number, stop-number

焦距与有效孔径之比的规化值。

03.033 像场角 objective angle of image field, angular field of view

通过镜头后节点射向像场边缘的、与主光轴在同一平面内,且相互对称的光线所夹的角度。

03.034 瞬时视场 instantaneous field of view, IFOV

在扫描成像过程中一个光敏探测元件通过望远镜系统投射到地面上的直径或对应的视场角度。

03.035 摄影测量畸变差 photogrammetric distortion

又称“畸变差”。摄影测量中影像点的系统性偏差。

03.036 全景畸变 panoramic distortion

全景摄影机的像距不变,物距随扫描角增大而增大,由此所产生影像由中心到两边比例尺逐渐缩小的畸变。

03.037 径向畸变 radial distortion

在以像主点为中心的辐射线上的畸变。

03.038 切向畸变 tangential distortion, tangential lens distortion

在垂直于以像主点为中心的辐射线的垂线上的畸变。

03.039 物镜分辨力 resolving power of lens

摄影物镜分辨物体细部的能力。

03.040 正片 positive

影像色调或色彩与景物的明暗程度或色彩一致的像片。

03.041 负片 negative

影像色调或色彩与景物的明暗程度相反或色彩为互补色的像片。

03.042 透明负片 transparent negative

透明片基的负片。

03.043 透明正片 diapositive, transparent positive

透明片基的正片。

03.044 反转片 reversal film

经摄影处理可直接获得明暗与原物体一致的正像的感光片。

03.045 色盲片 achromatic film

没有增感染料,只感受500nm以下蓝紫光的感光片。

03.046 正色片 orthochromatic film

对波长580nm以下可见光感光的感光片。

03.047 全色片 panchromatic film

对700nm以下的可见光都感光的感光片。

03.048 红外片 infrared film

能对光谱的近红外部分感光的感光片。

03.049 黑白片 black-and-white film

以从黑到白不同程度灰色调的变化来表现被摄景物影像的感光片。

03.050 彩色片 color film

以色彩再现被摄物体的彩色影像的感光片。

03.051 全色红外片 panchromatic infrared film

感光范围由可见光扩展到440～900nm红外波段的感光片。

03.052 彩色红外片 color infrared film, false color film

又称"假彩色片"。能感受红外线、红光和绿光的感光片,它以假彩色显示物体影像。

03.053 航摄软片 aerial film

用于航空摄影的感光胶片。

03.054 感光材料 sensitive material

曝光后能发生光化学变化或物理变化,经过一定处理产生可见影像的材料。

03.055 彩色感光材料 color sensitive material

能获得彩色影像的感光材料。

03.056 感光度 sensitivity

感光材料产生光化作用的能力,以规定基准密度的相应曝光量的倒数度量。

03.057 感光测定 sensitometry

量测感光材料的感光特性的过程,包括测定感光材料的感光度、反差系数、曝光宽容度和感色性等。

03.058 感光特性曲线 sensitometric characteristic curve

密度和曝光量对数的关系曲线。

03.059 光谱感光度 spectral sensitivity

又称"光谱灵敏度"。感光材料对光谱中某一波长光线的敏感程度。

03.060 黑白摄影 black-and-white photography

以黑白片来表现被摄景物影像的摄影。

03.061 彩色摄影 color photography

以彩色片再现被摄景物彩色影像的摄影。

03.062 假彩色摄影 false color photography

利用彩色红外片进行的摄影。

03.063 红外摄影 infrared photography

利用红外片进行的摄影。

03.064 全息摄影 hologram photography, holography

记录被摄物体反射(透射)光波中全部信息(振幅、相位)的摄影。

03.065 缩微摄影 microphotography, microcopying

利用高精度的摄影机和高分辨率的胶片高倍缩小摄影。

03.066 显微摄影 photomicrography

把显微镜和摄影机相结合,用来摄取微小物体的高倍放大摄影。

03.067 多光谱摄影 multispectral photography

对同一景物不同谱段影像进行同步记录的摄影。

03.068 全景摄影 panoramic photography

利用全景摄影机在垂直于飞行方向上通过缝隙扫描,不断改变光轴方向的对地摄影。

03.069 竖直摄影 vertical photography

摄影机主光轴处于近似铅垂线方向的航空摄影。

03.070 倾斜摄影 oblique photography

摄影机主光轴明显偏离铅垂线或水平方向并按一定倾斜角进行的摄影。

03.071 小像幅航空摄影 small format aerial photography, SFAP

像幅小于专用量测摄影机像幅的航空摄影。

03.072 摄站 camera station, exposure station

曝光瞬间摄影机镜头前节点所处的空间位置。

03.073 摄影航线 flight line of aerial photography

航空摄影时,飞机飞行的路线。

03.074 摄影分区 flight block

摄影区域因摄区过大或地形变化而被划分成若干单元的每个小区域。

03.075 航空摄影比例尺 photographic scale

在航空摄影时摄影机主距与相对航高之比。

03.076 摄影基线 photographic baseline, air base

相邻摄站间的连线。

03.077 航摄质量 quality of aerophotography

航空摄影飞行质量和摄影质量的总称。

03.078 航摄领航 navigation of aerial photography

利用领航图、地标或其他导航仪器使飞机保持一定的航向、航高、航线间隔对地面进行摄影的工作。

03.079 航摄计划 flight plan of aerial photography

根据航空摄影的任务要求制定的航空摄影技术设计和实施计划。

03.080 航摄漏洞 aerial photographic gap

航空摄影时,像片重叠度过小或没有重叠的部分。

03.081 航高 flying height, flight height

一般指飞机飞行的高度。由于确定航高的起算平面不同,有绝对航高与相对航高之分。

03.082 相对航高 relative flying height

遥感平台相对地面上某一基准面的垂直距离。

03.083 绝对航高 absolute flying height

遥感平台相对平均海水面的垂直距离。

03.084 基-高比 base-height ratio

摄影基线长度与相对航高之比。

03.085 航向重叠 longitudinal overlap, end overlap, forward overlap, fore-and-aft overlap

本航线内相邻像片上具有同一地区影像的部分,通常以百分比表示。

03.086 旁向重叠 lateral overlap, side overlap, side lap

在摄影测量中,相邻航线像片之间的重叠。

03.087 骨架航线 control strip

又称"构架航线"。为减少像片控制点的布设,加飞若干条与测图航线交叉且近似垂直的航线。

03.088 曝光 exposure

感光材料上接受光学影像的过程。

03.089 摄影处理 photographic processing

将已曝光的感光材料按一定的工艺显现成稳定的可见影像的过程。

03.090 显影 developing

使已曝光的感光材料显出可见影像的过程。

03.091 定影 fixing

摄影处理中去除未感光或感光后未还原的银盐,使显出的影像得以稳定的过程。

03.092 感光 sensitization

感光材料曝光后引起的光化学作用。

03.093 投影晒印 projection printing
将底片与感光材料分别置于投影仪的底片盘和承片面上,利用光学投影原理晒像的过程。

03.094 反差 contrast
景物或影像明暗对比的差异程度。

03.095 反差系数 contrast coefficient
感光特性曲线中直线部分的斜率。

03.096 景物反差 object contrast
被摄景物中最大亮度与最小亮度之比或对数之差。

03.097 地面照度 illuminance of ground
阳光或人工光源通过大气层到达地面的光照强度。

03.098 影像质量 image quality
影像几何质量和辐射质量的总称。

03.099 地面采样距离 ground sample distance, GSD
指数字影像中用地面距离单位表示的像素大小。

03.100 像片 photo, photograph
利用摄影机光学系统和感光材料,经光化学处理,在感光材料上获取的实际物体影像的一种记录。

03.101 航摄像片 aerial photograph
又称“航空像片”。通过航空摄影获取的像片。

03.102 地平线像片 horizon photograph
在进行垂直航空摄影的同时摄取的像片,用以指示出垂直航空摄影机曝光瞬间摄影机的倾斜度。

03.103 像片比例尺 photo scale
像片上某线段长度与地面相应水平线段长度之比。通常线段在像片上不同位置其比例尺是不同的。

03.104 数字影像 digital image
物体光辐射能量的数字记录形式或像片影像经采样量化后的二维数字灰度序列。

03.105 数字化影像 digitized image
将像片影像以像元为单元对其密度的连续变化作等间隔的采样和量化后,所获得的数字影像。

03.106 光密度 optical density
感光层经曝光和摄影处理后的变黑程度。以阻光率的常用对数表示。

03.107 密度计 densitometer
测定影像密度的仪器,也是测定感光特性的仪器之一。

03.108 测微密度计 microdensitometer
量测微小(微米级)像元密度所用的仪器。

03.109 相位传递函数 phase transfer function, PTF
以景物的空间频率为自变量,影像的相位漂移值为因变量的函数。

03.110 调制传递函数 modulation transfer function, MTF
以景物的空间频率为自变量,以影像调制度与景物调制度之比为因变量的函数。

03.111 光学传递函数 optical transfer function, OTF
调制传递函数和相位传递函数的总称。

03.112 维纳频谱 Wiener spectrum
表征感光层颗粒度大小的函数。

03.113 透光率 transmittance
透射光通量与入射光通量之比。

03.114 灰楔 grey wedge, optical wedge
一系列由白到黑的灰阶表示的,按一定反射比值间隔排列的密度基准。

03.115 像素 pixel

又称“像元”,数字影像的基本单元。

03.116 密度分割 density slicing

将图像的密度或亮度值分成若干等级的处理方法。

03.117 像主点 principal point of photograph

由摄影物镜的后节点作像平面垂线的垂足。

03.118 像底点 photo nadir point

过摄影物镜后节点作铅垂线与像平面的交点。

03.119 地底点 ground nadir point

像底点在地面上的相应点。

03.120 像等角点 isocenter of photograph

摄影物镜的主光轴与过物镜后节点铅垂线的夹角平分线与像平面的交点。

03.121 等比线 isometric parallel

过像片上等角点的像水平线。

03.122 像片基线 photo base

像主点与邻片主点在本片上相应像点间的连线。

03.123 像主纵线 principal line [of photograph]

主垂面与像片平面的交线。

03.124 主垂面 principal plane [of photograph], principal vertical plane

包含过物镜中心的铅垂线和主光轴的平面。

03.125 真地平线 true horizon

过投影中心的水平面在倾斜像片上的交线。

03.126 视地平线 apparent horizon

航空摄影时,地面与天空的分界线在像片上的构像。

03.127 像地平线 image horizon, horizon trace, vanishing line

又称“合线”。过摄站作水平面与像平面的交线。

03.128 像点位移 displacement of image

像片上的实际像点与其理想状况下的像点间产生的点位差异。

03.129 高差位移 relief displacement, height displacement

高差所引起的像点位移,是沿像底点出发的辐射方向线上向外或向内移位,随地面点高于或低于地底点而异。

03.130 倾斜位移 tilt displacement

航摄像片上因像片倾斜引起的像点位移。

03.131 主合点 principal vanishing point

像地平线与主纵线的交点。

03.132 核点 epipole

摄影基线与像平面的交点。

03.133 核面 epipolar plane

通过摄影基线与任一地面点所组成的平面。

03.134 核线 epipolar line, epipolar ray

核面与像平面的交线。

03.135 主核线 principal epipolar line

主核面与像平面的交线。

03.136 主核面 principal epipolar plane

过像主点的核面。

03.137 垂核面 vertical epipolar plane

包括底点光线的核面。

03.138 垂核线 vertical epipolar line

垂核面与像平面的交线。

03.139 同名核线 corresponding epipolar line

某一地面点的核面在像对的两像平面上的两条交线。

03.140 像片方位角 azimuth of photograph

地面上从指北方向顺时针量至主垂面的角。

03.141 像片内方位元素 element of interior orientation

确定摄影光束在像方几何关系的基本参数，即像主点的像平面坐标值(x_0、y_0)和摄影机主距(f_k)值。

03.142 像片外方位元素 element of exterior orientation

确定摄影光束在物方几何关系的基本数据，包括三个位置参数(线元素)和三个姿态参数(角元素)。

03.143 像片方位元素 photo orientation elements

像片内、外方位元素的总称。

03.144 姿态 attitude

指遥感器或遥感平台对某一参考系所处的角方位。

03.145 姿态参数 attitude parameter

确定姿态的3个独立变量。

03.146 像片倾角 tilt angle of photograph

(1) 航空摄影机主光轴与铅垂线的夹角。(2) 地面摄影时，指摄影机主光轴相对于水平面的夹角。

03.147 航向倾角 longitudinal tilt, pitch

像片倾角在航线方向上的分量。

03.148 旁向倾角 lateral tilt, roll

像片倾角在垂直于航线方向上的分量。

03.149 像片旋角 swing angle, yaw

在像片平面内，所选定的像片坐标系绕主光轴旋转的角度。

03.150 立体像对 stereopair

从不同摄站摄取的具有重叠影像的一对像片。

03.151 立体观测 stereoscopic observation

在人造立体效应基础上，对立体模型进行的观察和量测。

03.152 互补色立体观察 anaglyphical stereoscopic viewing

利用互补色原理实现分像，经凝视汇合后，对产生视觉效应的立体模型进行立体观察的方法。

03.153 偏振光立体观察 vectograph method of stereoscopic viewing

利用偏振光原理实现分像，以产生立体视觉效应的立体观察方法。

03.154 闪闭法立体观察 blinking method of stereoscopic viewing

利用自动闪闭装置，实现左右眼快速分时，分别观察左右影像，以产生立体视觉效应的观察方法。

03.155 立体视觉 stereoscopic vision

双眼观察景物能分辨物体远近形态的感觉。

03.156 正立体效应 orthostereoscopy

立体观察时得出与实物在凸凹远近上相同的立体视觉效应。

03.157 反立体效应 pseudostereoscopy

立体观察时得出与实物在凸凹远近上正好相反的立体视觉效应。

03.158 左右视差 horizontal parallax, x-parallax

立体像对上同名像点或投影点的横坐标之差。

03.159 上下视差 vertical parallax, y-parallax

立体像对上同名像点或投影点的纵坐标之差。

03.160 同名像点 corresponding image points, homologous image points

同一目标点在不同像片上的构像点。

03.161　标准配置点　Gruber point

相对定向过程中所需要的6个定向点,其中2个点在左右主点位置,其余点分别在主点上下距离约等于基线长度之处。

03.162　定向点　orientation point

确定像片、立体像对、航线、区域网方位和比例尺所必需的点。

03.163　内部定向　interior orientation

恢复像片内方位元素的作业过程。

03.164　外部定向　exterior orientation

恢复像片外方位元素的作业过程。

03.165　相对定向　relative orientation

恢复或确定立体像对两个光束在摄影瞬间相对位置关系的过程。

03.166　绝对定向　absolute orientation

确定立体模型在物方坐标系中所处方位和比例的作业过程。

03.167　相对定向元素　elements of relative orientation

确定像对两像片之间相对位置的独立参数。

03.168　绝对定向元素　elements of absolute orientation

确定立体模型对于物方空间的方位和比例所需要的独立参数。

03.169　几何反转原理　principle of geometric reverse

根据光路可逆性,由所摄像对建立其几何立体模型的原理。

03.170　同名光线　corresponding image rays

(1) 由同一目标点向不同摄影站投射出构成同名像点的光线。(2) 立体像对相对定向后,通过同名像点的投影光线。

03.171　全能法测图　universal method of photogrammetric mapping

根据摄影过程的几何反转原理,在立体测图仪上用立体像对,建立起所摄地面缩小的几何模型,进行测图的方法。

03.172　分工法测图　differential method of photogrammetric mapping

又称"微分法测图"。摄影测量中,分别求解目标点的高程和平面位置的测图方法。

03.173　综合法测图　photo planimetric method of photogrammetric mapping

地形图上地物、地貌的平面位置由摄影测量方法确定,等高线和注记点高程用普通测量方法在野外测定的测图方法。

03.174　纠正　rectification

在摄影测量中,矫正因像片倾斜引起的像片影像变形的过程。

03.175　像片纠正　photo rectification

通过投影转换,将倾斜像片变换成规定比例尺水平像片的作业过程。

03.176　像片平面图　photo plan

用纠正后的像片编制的带有公里格网、图廓内外整饰和注记的平面图。

03.177　光学纠正　optical rectification

用光学仪器进行的像片纠正。

03.178　光学机械纠正　optical-mechanical rectification

用光学机械仪器进行的像片纠正。

03.179　图解纠正　graphical rectification

根据透视理论,利用像面和图面的复比或透视对应关系,建立相应的射线束或透视格网进行转绘的作业过程。

03.180　光学图解纠正　optical graphical rectification

使用投影转绘仪,将需纠正的影像投影到图板上,进行纠正及转绘的作业过程。

03.181 仿射纠正 affine rectification
保持纠正前后的图形中直线平行性不变的像片纠正。

03.182 分带纠正 zonal rectification
为使丘陵地和山地的航摄像片影像的投影差限制在允许范围内，按不同高程面进行的像片纠正。

03.183 多级纠正 multistage rectification
使用纠正仪将大倾斜角航摄像片，分几次安置纠正元素进行的像片纠正。

03.184 光学条件 optical condition
保证纠正仪上物、像平面光学共轭的条件，包括光距条件和交线条件。

03.185 几何条件 geometric condition
像片纠正时，满足投影的影像图形与相应地面图形相似并符合一定比例尺所需要的条件。

03.186 纠正元素 element of rectification
像片纠正所必需的参数。

03.187 合点控制 vanishing point control
保持合点至迹点及合点至投影中心的距离不变，物镜面与承影面同时旋转一个角度，使改变后的投影光束仍保证构像图形与地面图形保持一致的控制条件。

03.188 交线条件 condition of intersection, Scheimpflug condition, Czapski condition
又称"向甫鲁条件"，"恰普斯基条件"。在底片面和承影面倾斜时，满足光距条件的前提下，使底片面、物镜主平面和承影面相交于一直线，才能使任何一点都保持光学共轭，保证影像全面清晰。

03.189 透视旋转定律 rotation axiom of the perspective, rotational theorem, Chasles theorem
在建立起透视对应关系的基础上，使承影面绕透视轴，合面(含投影中心)绕合线，按同方向旋转同一角度，就可保持透视对应关系不变的规律。

03.190 像片镶嵌 photo mosaic
将有重叠影像的多张遥感图像或其他像片经过纠正，根据控制点或同名影像进行拼叠，切去重叠部分的边条，将中央部分拼接和粘贴在图板上的方法。

03.191 光学镶嵌 optical mosaic
将有重叠的遥感图像或其他像片的纠正影像，依次拼接、晒印在同一张感光材料上的方法。

03.192 镶嵌索引图 index mosaic
以摄影分区或图幅为单位，按摄影像片号顺序重叠排列缩小复照而成的供用户使用的像片略图。

03.193 调绘 annotation
利用像片进行判读、调查和绘注等工作的总称。

03.194 判读 interpretation
又称"判释"，"解译"。从影像中获取语义信息的基本过程。

03.195 像片判读 photo interpretation
根据地物的光谱特性、空间特征、时间特征和成像规律，识别出与像片影像相应的地物类别、特性和某些要素或者测算某种数据指标的过程。

03.196 目视判读 visual interpretation
判读者通过直接观察或借助判读仪以研究地物在遥感图像或其他像片上反映的各种影像特征，并通过地物间的相互关系来推理分析，达到识别所需地物信息的过程。

03.197 明显地物点 outstanding point
在像片上和实地均能准确辨认的地物点。

03.198 人工标志[点] artificial target

航空摄影时,地面上人工设制的像片上有构像的目标点。

03.199 辐射三角测量 radial triangulation

在平坦地区,根据航摄像片上以像主点辐射到各像点的方向线与实地相应方向线一致的几何特性,求得像点平面位置的方法。

03.200 立体摄影测量 stereophotogrammetry

利用立体像对建立立体模型进行的摄影测量。

03.201 模拟法测图 analog photogrammetric plotting

利用摄影过程的几何反转原理,在模拟立体测图仪上,建立所摄地面缩小的几何模型进行测图的方法。

03.202 变换光束测图 affine plotting

在投影器主距与像片主距不等的条件下,变换投影光束,建立有规律的仿射模型进行测图的方法。

03.203 光学投影 optical projection

摄影测量仪器中,用光学方法建立投影光束的投影方式。

03.204 机械投影 mechanical projection

摄影测量仪器中,用精密机械导杆代替投影光线的投影方式。

03.205 光学机械投影 optical-mechanical projection

摄影测量仪器中,建立投影光束时,投影器内用实际的光线束来体现,投影器外的光线则由精密机械导杆代替的投影方式。

03.206 像片主距 principal distance of photo

摄影物镜后节点至像平面的距离。

03.207 摄影机主距 principal distance of camera

摄影物镜后节点至承片框平面的距离。

03.208 投影器主距 principal distance of projector

模拟摄影测量仪器中,投影器的投影中心到承片框平面的距离。

03.209 立体观测模型 stereoscopic model

通过双像观测所产生的立体视觉模型。

03.210 几何模型 geometric model

使立体像对同名光线对相交所构成的与实地相似的模型。

03.211 视模型 perceived model

按人造立体效应原理观察像对所感受到的立体模型。

03.212 模型缩放 scaling of model

绝对定向中,利用像片控制点对立体模型所作的比例尺归化。

03.213 模型置平 leveling of model

绝对定向中,利用像片控制点将立体模型进行倾斜改正,把摄影测量高程归化到物方坐标系的工作。

03.214 模型连接 bridging of model

用公共连接点将两个相邻立体像对几何模型的比例尺统一,连接成一个整体模型的工作。

03.215 空中三角测量 aerotriangulation

利用航摄像片与所摄目标之间的空间几何关系,根据少量像片控制点,计算待求点的平面位置、高程和像片外方位元素的测量方法。

03.216 空中水准测量 aeroleveling

在航空摄影时,利用测微高差仪测定各摄影站间航高差,以求得各摄影站航高的测量。

03.217 空中导线测量 aeropolygonometry

在航空摄影曝光瞬间,用雷达测定摄影站与地面上 2 ~3 个已知点间的距离,配合雷达测高仪和测微高差仪记录,求得摄影站平面坐标的测量。

03.218 模拟空中三角测量 analog aerotriangulation

在模拟立体测图仪上进行的空中三角测量。

03.219 阿贝比长原理 Abbe comparator principle

在坐标仪上量测时,观测点应位于计量标准分划尺的延长线上的原理。

03.220 波罗-科普原理 Porro-Koppe principle

在某些摄影测量仪器上,用与摄影机畸变特征相同的透镜或光学系统进行投影,可消除摄影物镜畸变差影响的原理。

03.221 空间后方交会 space resection

利用航摄像片上三个以上不在一条直线上的已知点按构像方程计算该像片外方位元素的方法。

03.222 空间前方交会 space intersection

由立体像对两片的内、外方元素和观测的像点坐标来确定该点的物方坐标。

03.223 摄影测量坐标系 photogrammetric coordinate system

描述摄影测量模型的空间直角坐标系。其原点选在某摄站或某一已知点,横坐标大体与航线方向一致,竖坐标与铅垂线方向一致且向上为正的一种右旋空间直角坐标系。

03.224 像平面坐标系 photo coordinate system

在像片平面上为描述像点平面位置所选定的右旋直角坐标系。

03.225 像空间坐标系 image space coordinate system

描述单张像片上像点在像方空间位置的右旋直角坐标系。它是以投影中心为原点,x、y 轴平行于像平面坐标系的相应轴,z 轴与物镜主光轴重合,$z=-f$(主距)的右旋直角坐标系。

03.226 物空间坐标系 object space coordinate system

描述地面点在物方空间位置的任一三维坐标系。可根据需要而选定坐标原点和三轴系方向。

03.227 构像方程 imaging equation

以物点坐标为自变量描述其与相应像点坐标几何关系的数学方程。

03.228 共线方程 collinearity equation

描述目标点与其相应像点及投影中心三点共线的数学方程。

03.229 共面方程 coplanarity equation

描述摄影基线与同名光线三线位于同一平面的数学方程。

03.230 投影方程 projection equation

构像方程反演的解析表达式。

03.231 加密点 pass point

在像片控制点基础上用摄影测量方法所确立的多个用于内业控制,模型连接、定向辅助等的点。

03.232 连接点 tie point

摄影测量相对定向时,用于相邻模型连接的同名像点。

03.233 解析空中三角测量 analytical aerotriangulation

又称“电算加密”。根据像片上量测的像点坐标和少量像片控制点,采用严密的数学公式,按最小二乘法原理,用计算机进行的空中三角测量。

03.234 航带法空中三角测量 strip aerial triangulation

由单个航线构成的模型为平差基本单元的空中三角测量。

03.235 独立模型法空中三角测量 independent model aerial triangulation

由单模型或多个模型组成的单元模型作为整体平差运算中的基本单元的空中三角测量。

03.236 光束法空中三角测量 bundle aerial triangulation

以摄影时目标点、相应像点和摄站点三点共线条件所建立的每条空间光线作为整体平差运算中的基本单元的空中三角测量。

03.237 自动空中三角测量 automatic triangulation

在数字摄影测量中,利用影像匹配方法在计算机中自动选择连接点,实现自动转点和量测,进行空中三角测量的方法。

03.238 联机空中三角测量 on-line aerophotogrammetric triangulation

由立体坐标量测仪与计算机联机进行测算的空中三角测量。

03.239 GPS 空中三角测量 GPS aerotriangulation

利用设在基准站和飞机上的 GPS 接收机进行相位差分定位测定摄站点坐标,作为区域网平差的控制值,以减少或取代地面控制的解析空中三角测量方法。

03.240 区域网平差 block adjustment

利用多条航线构成的区域进行整体平差的空中三角测量平差方法。

03.241 自检校 self-calibration

指区域网空中三角测量的运算中,把可能存在的系统误差,作为待定参数参与区域网空中三角测量的整体平差运算之中。

03.242 联合平差 combined adjustment

空中三角测量中与各种非摄影测量观测值进行严格的整体平差的方法。

03.243 数据探测法 data snooping

在解析空中三角测量中,用以发现和剔除小粗差的粗差检测统计方法。

03.244 粗差检测 gross error detection

数据处理过程中发现和剔除粗差的方法。

03.245 选权迭代法 iteration method with variable weights

在迭代平差中,通过适当变化观测值的权达到消除观测值粗差的方法。

03.246 解析纠正 analytical rectification

根据像片断面数据或数字高程模型,用解析方法在正射投影仪上实现的微分纠正。

03.247 解析定向 analytical orientation

利用计算机通过数学关系解算各定向元素的作业过程。

03.248 解析测图 analytical mapping

由立体坐标量测仪采集像点坐标,根据像点与目标点间的数学关系,借助计算机解算目标点三维坐标进行测图的方法。

03.249 数控绘图桌 digital tracing table

由计算机控制和驱动的绘图桌。

03.250 机助测图 computer-assisted plotting, computer-aided mapping

在摄影测量中,在与计算机相连接的立体测图仪上,人眼进行立体观测,由计算机协助进行测图的方法。

03.251 正射影像技术 orthophoto technique

采用航摄像片或其他遥感图像上的微小面积为纠正单元,逐单元进行纠正,以获得地面正射投影影像的技术。

03.252 微分纠正 differential rectification

采用航摄像片或其他遥感图像的微小面积为纠正单元,通过逐个纠正单元的几何变换实现两个图像之间的任何一种变换的方法。

03.253 正射像片 orthophoto
具有正射投影性质的像片。

03.254 数字正射影像 digital orthophoto
具有正射投影性质的数字影像。

03.255 正射影像立体配对片 orthophoto stereomate
正射像片和与其对应的立体配对片的总称。

03.256 正射影像地图 orthophoto map
用正射像片编制的带有公里格网、图廓内外整饰和注记及有关地物要素的地图。

03.257 数字正射影像图 digital orthophoto map, DOM
用数字形式储存的正射影像图。

03.258 量化 quantizing, quantization
把图像样本连续变化的模拟量或密度值转换成离散数字量样本值的过程。

03.259 采样 sampling
把时间域或空间域的连续量转化成离散量的过程。

03.260 重采样 resampling
影像灰度数据在几何变换后,重新插值像元灰度的过程。

03.261 采样间隔 sampling interval
相邻两次采样间的时间间隔或空间间隔。

03.262 数字测图 digital mapping
对利用各种手段采集的数据,通过计算机加工处理,获得数字地图的方法。

03.263 数字纠正 digital rectification
根据构像方程和已建立的数字高程模型对数字图像进行的逐像元纠正。

03.264 数字镶嵌 digital mosaic
利用计算机对重叠邻接的数字图像进行镶嵌处理的技术。

03.265 影像匹配 image matching
通过对影像内容、特征、结构、关系、纹理及灰度等的对应关系,相似性和一致性分析,寻求相同影像目标的方法。

03.266 影像相关 image correlation
探求左、右像片影像信号相似的程度,从中确定同名影像或目标的过程。

03.267 光学相关 optical correlation
用光学方法确定相关函数的影像相关。

03.268 电子相关 electronic correlation
利用电子电路解算相关函数的影像相关。

03.269 数字相关 digital correlation
利用计算机或专门的数字相关器解求相关函数的影像相关。

03.270 核线相关 epipolar correlation
利用立体像对左、右核线上的灰度序列进行的影像相关。

03.271 最小二乘相关 least squares correlation
以左、右像片灰度差为观测值进行最小二乘法平差以解求同名影像的过程。

03.272 目标区 target area
立体像对左片上或右片上给定点周围像点的灰度值组成的矩阵。

03.273 搜索区 searching area
立体像对右片上(或左片上)与左片上(或右片上)目标区相对应的预测的像点灰度值矩阵。

03.274 邻元法 neighborhood method
以最接近给定点的灰度值直接赋给待定点灰度值的内插方法。

03.275 数字高程模型 digital elevation model, DEM
利用大量已知平面位置和高程的坐标点对

地形表面起伏的表示。

03.276 数字表面模型 digital surface model, DSM

物体表面形态数字表达的集合。

03.277 摄影测量内插 photogrammetric interpolation

根据从像片上获取的点或线的信息,用数学的方法拟合和内插出待求点的方法。

03.278 地面摄影测量 terrestrial photogrammetry

利用地面摄影的像片对所摄目标物进行的摄影测量。

03.279 正直摄影 normal case photography

在摄影基线两端,两摄影机主光轴保持水平,并都与摄影基线垂直的摄影。

03.280 等偏摄影 parallel-averted photography

在摄影基线两端,两摄影机主光轴保持平行,并都相对于摄影基线偏转相同角度的摄影。

03.281 交向摄影 convergent photography

在摄影基线两端,两摄影机主光轴在物方相交成某一角度的摄影。

03.282 等倾摄影 equally tilted photography

在摄影基线两端,两摄影机主光轴保持平行,相对于水平面倾斜相同角度的摄影。

03.283 航空摄影测量 aerophotogrammetry, aerial photogrammetry

利用航空摄影资料所进行的摄影测量。

03.284 模拟摄影测量 analog photogrammetry

用模拟测图仪进行的摄影测量。

03.285 解析摄影测量 analytical photogrammetry

依据像片像点与相应地面点的数学关系,借助计算机用数学解算方法进行的摄影测量。

03.286 数字摄影测量 digital photogrammetry

从数字影像中获取物体三维空间数字信息的摄影测量。

03.287 全息摄影测量 hologrammetry

利用一定方向的激光光束投射到全息图上获取原物体的三维结构图像的摄影测量。

03.288 电子显微摄影测量 nanophotogrammetry

利用扫描电子显微镜摄取的立体显微像片,对微观世界进行的摄影测量。

03.289 双介质摄影测量 two-medium photogrammetry

被摄物体与摄影机处于不同介质的摄影测量。

03.290 近景摄影测量 close-range photogrammetry

从近距离获取的目标物摄取的立体像对进行的摄影测量。

03.291 直接线性变换 direct linear transformation, DLT

非地形摄影测量中,不单独解求内、外方位元素,用像点坐标与其对应的物方空间坐标直接变换关系式进行像片数学处理的方法。

03.292 叠栅条纹图 moiré topography

又称"莫尔条纹图"。在波纹形貌测量中,用等值线波纹表示物体的外形和大小的图。

03.293 弹道摄影测量 ballistic photogrammetry

用弹道摄影机,以星空为背景,摄取弹丸在空中的飞行状态,用来研究弹丸飞行轨迹的摄影测量。

03.294 工程摄影测量 engineering photogrammetry

用于现代建筑、水利、铁路、公路、桥梁、隧道等工程建设的摄影测量。

03.295 非地形摄影测量 non-topographic photogrammetry

不以测制地形图为目的的摄影测量。

03.296 工业摄影测量 industrial photogrammetry

用于采矿、冶金、机械、车辆和船舶制造等方面的静态或动态工业目标的摄影测量。

03.297 建筑摄影测量 architectural photogrammetry

用于建筑物的建筑特点和状况的研究、文物的修复、雕塑像的复制等建筑领域中的摄影测量。

03.298 考古摄影测量 archaeological photogrammetry

用于出土文物及其挖掘现场的摄影测量。

03.299 生物医学摄影测量 biomedical photogrammetry

用于生物医学研究和临床诊断等方面的摄影测量。

03.300 实时摄影测量 real-time photogrammetry

将数据获取、处理和成果输出集为一体,实时快速完成的摄影测量。

03.301 水下摄影测量 underwater photogrammetry

用于测绘水下地形或研究水中物体的摄影测量。

03.302 计算机视觉 computer vision

用计算机来模拟人的视觉机理获取和处理信息的能力。

03.303 航空遥感 aerial remote sensing

以航空飞行器为平台安置传感器的遥感技术。

03.304 航天遥感 space remote sensing

在地球大气层以外的宇宙空间,以人造卫星、宇宙飞船、航天飞机等航天飞行器为平台安置传感器的遥感。

03.305 资源与环境遥感 remote sensing for natural resources and environment

以对地球的自然资源环境的监测和应用为主要目的的遥感。

03.306 主动式遥感 active remote sensing

由遥感器向目标物发射一定频率的电磁辐射能量,然后接收从目标物返回的辐射能量的遥感方式。

03.307 被动式遥感 passive remote sensing

直接接收来自目标物的辐射能量的遥感方式。

03.308 多谱段遥感 multispectral remote sensing

将物体反射或辐射的电磁波分成若干波谱段进行接收和记录的遥感。

03.309 多时相遥感 multi-temporal remote sensing

利用不同时间所获取的同一地域图像,提取目标动态变化信息的遥感。

03.310 红外遥感 infrared remote sensing

遥感器工作波段限于红外波段范围的遥感。

03.311 微波遥感 microwave remote sensing

遥感器工作波段选择在微波波段范围的遥感。

03.312 太阳辐射波谱 solar radiation spectrum

反映太阳辐射能量按波长分布规律的图表。

03.313 大气窗 atmospheric window

地球大气对电磁波传输不产生强烈吸收和

散射衰减作用,透过率较高的一些特定的电磁波段。

03.314 大气透过率 atmospheric transmissivity

电磁波通过大气中某个给定路径长度后的辐射能与入射辐射能之比。

03.315 大气噪声 atmospheric noise

大气对被测电磁波的干扰。

03.316 大气传输特性 characteristics of atmospheric transmission

电磁波辐射在大气中的衰减随波长变化的特性。

03.317 波谱特征曲线 spectrum character curve

物体的波谱发射率、反射率或透射率与波长的关系在直角坐标系中的表征曲线。

03.318 波谱响应曲线 spectrum response curve

根据遥感器对波谱的相对响应(用百分数表示)与波长的关系在直角坐标系中描绘出曲线。

03.319 波谱特征空间 spectrum feature space

不同波段影像所构成的测度空间。

03.320 波谱集群 spectrum cluster

同一类地物,在波谱特征空间所呈现出相同影像亮度值的点群状分布。

03.321 反射波谱 reflectance spectrum

表示物体反射的电磁波能量按波长分布的规律的图表。

03.322 功率谱 power spectrum

描述信号功率随频率变化的函数。

03.323 地物波谱特性 object spectral characteristic

地物发射、反射和透射电磁波的强度的特性。

03.324 热辐射 thermal radiation

辐射能的强弱及其随波长的分布随物体温度变化的电磁辐射。

03.325 微波辐射 microwave radiation

物体辐射的电磁波波长在 1~1000mm 范围内的电磁辐射。

03.326 遥感数据获取 remote sensing data acquisition

利用遥感平台上的传感器获取目标特征原始记录的过程。

03.327 数据传输 data transmission

依照适当的规程,经过一条或多条链路,在数据源和数据宿之间传送数据的过程。

03.328 数据处理 data processing

利用相应的技术和设备进行各种数据加工的过程。

03.329 地面接收站 ground receiving station

设置在地球上,跟踪卫星运转,接收卫星下行传送的各种数据,以及对其进行数据处理、储存和分发的地面站。

03.330 图像复原 image restoration

对遥感图像资料进行大气影响的校正、几何校正以及对由于设备原因造成的扫描线漏失、错位等的改正,将降质图像重建成接近于或完全无退化的理想图像的过程。

03.331 模糊影像 fuzzy image

与理想的影像相比较,其边界信息减少或消失的影像。

03.332 卫星影像图 satellite image map

处理过的卫星像片按一定的要求制成的影像图。

03.333 红外图像 infrared imagery

红外遥感器接收地物反射或自身发射的红外线而形成的图像。

03.334 热红外图像 thermal infrared imagery, thermal IR imagery

利用传感器接收波长为 8 ~ 14μm 的电磁波而产生的图像。

03.335 微波图像 microwave imagery

以微波辐射计接收物体辐射的微波能量而形成的图像。

03.336 月球轨道飞行器 lunar orbiter

月球探测器,选择月球表面着陆位置的人造月球卫星系列。

03.337 空间实验室 Spacelab

由欧洲空间局研制的一种可重复使用的载人太空实验装置。

03.338 航天飞机 space shuttle

往返于地面和近地轨道之间的可重复使用的太空飞行器。

03.339 陆地卫星 Landsat

美国的一种利用星载遥感器获取地球表面图像数据进行地球资源调查的卫星。

03.340 海洋卫星 Seasat

美国的一种探测全球海洋表面状况与监测海洋动态的试验性卫星。

03.341 测图卫星 mapping satellite

专门为测图目的设计的或具有立体测图能力的卫星。

03.342 SPOT 卫星 SPOT satellite, Systeme Probatoire d'Observation de la Terre(法)

法国的地球观测卫星。

03.343 地球资源卫星 earth resources technology satellite, ERTS

美国的一种利用星载遥感器获取地球表面图像数据进行地球资源调查的卫星。

03.344 环境探测卫星 environmental survey satellite

定时提供全球或局部地区的环境影像的卫星。

03.345 地球同步卫星 geo-synchronous satellite, geostationary satellite

绕地球运行的周期与地球自转周期相同的人造卫星。

03.346 太阳同步卫星 sun-synchronous satellite

沿与地球公转方向及其周期相同的轨道运行的卫星。

03.347 卫星姿态 satellite attitude

卫星本体在其运行轨道上所处的空间状态。

03.348 遥感平台 remote sensing platform

安放遥感器并能进行遥感作业的载体。

03.349 线阵遥感器 linear array sensor, push-broom sensor

与飞行方向垂直安置的单行 CCD 传感器。可随着遥感平台的运动,而以条带方式连续接收地物光谱信息。

03.350 静态遥感器 static sensor

曝光瞬间可形成整幅影像的传感器系统。

03.351 动态遥感器 dynamic sensor

在整幅影像扫描构像过程中,其位置和姿态不断变化的传感器系统。

03.352 光学遥感器 optical sensor

仅利用光学成像系统记录图像信息的传感器系统。

03.353 微波遥感器 microwave remote sensor

工作波段为微波波段的传感器。

03.354 光电遥感器 photoelectronic sensor

能将电磁辐射转换成电子或其他可探测的图像信息的传感器。

03.355　辐射遥感器　radiation sensor
测量视场及波长范围内所有目标发射的电磁辐射强度的传感器。

03.356　星载遥感器　satellite-borne sensor
用于航天遥感的传感器系统。

03.357　机载遥感器　airborne sensor
用于航空遥感的传感器。

03.358　姿态测量遥感器　attitude-measuring sensor
用以测定卫星俯仰轴和滚动轴精确姿态的传感器。

03.359　成像光谱仪　imaging spectrometer
采用二维面阵可见光和红外探测器,同时获得目标影像和该影像上各像元的多光谱成分的高光谱分辨率遥感器。

03.360　摄谱仪　spectrograph
将复合光分解为光谱,再用感光方法把光谱记录在光谱底版上的仪器。

03.361　航空摄谱仪　aerial spectrograph
用于航空飞行器上工作的摄谱仪。

03.362　波谱测定仪　spectrometer
测定电磁辐射的光谱分布的仪器。

03.363　地面摄谱仪　terrestrial spectrograph
用于地面工作的摄谱仪。

03.364　测距雷达　range-only radar
用以测量从雷达到目标的距离,而不提供目标角信息的雷达。

03.365　雷达干涉测量　interometry SAR, INSAR
装有两个侧视天线,对同一地区采用干涉法记录相位和图像的回波信号,通过一系列必要的处理后,可获取地表面三维几何和物理特征的一种测量技术。

03.366　微波辐射计　microwave radiometer
用以收集和测量地物发射来的微波辐射通量的被动式微波遥感探测仪。

03.367　红外辐射计　infrared radiometer
对物体红外辐射进行绝对测量的遥感仪器。

03.368　真实孔径雷达　real-aperture radar
由一个实际天线在一个位置上接收同一地物回波信号的侧视雷达。要提高其方位分辨率,必须加大天线的孔径。

03.369　合成孔径雷达　synthetic aperture radar, SAR
用一个小天线作为单个辐射单元,将此单元沿一直线不断移动,在不同位置上接收同一地物的回波信号并进行相关解调压缩处理的侧视雷达。

03.370　专题测图仪　thematic mapper, TM
美国陆地卫星4、5号上携带的一种专用的多光谱扫描仪。

03.371　红外扫描仪　infrared scanner
根据被测地物自身的红外辐射,借助仪器本身的光学机械扫描和遥感平台沿飞行方向移动形成图像的遥感仪器。

03.372　多谱段扫描仪　multispectral scanner, MSS
陆地卫星系列上采用对地面逐点扫描的方式获取景物多谱段图像的传感器系统。

03.373　数字图像处理　digital image processing
用计算机对数字图像所进行的各种几何和辐射处理。

03.374　光学图像处理　optical image processing
用光学方法进行的图像处理。

03.375 实时处理 real-time processing
将数据获取、处理和成果输出集为一体,快速而及时完成的数据处理技术。

03.376 地面实况 ground truth
用以帮助遥感影像分类和判读的地表或地下的各种地物特征信息。

03.377 几何校正 geometric correction, geometric rectification
为消除遥感图像的几何畸变而进行的校正工作。

03.378 辐射校正 radiometric correction
为消除遥感图像的辐射失真或畸变而进行的校正。

03.379 图像几何配准 geometric registration of imagery
对同一地区,不同时相、不同波段、不同手段所获得的图形图像数据,经几何变换使其同名点在位置上完全叠合的处理方法。

03.380 图像几何纠正 geometric rectification of imagery
利用控制点数据和有关参数对图像变形进行的几何改正处理。

03.381 图像镶嵌 image mosaic
多张遥感图像经纠正,按一定的精度要求,互相拼接镶嵌成整幅影像图的作业过程。

03.382 图像数字化 image digitization
将连续色调的模拟图像经采样量化后转换成数字影像的过程。

03.383 假彩色合成 false color composite
合成图像的色彩不同于原景物色彩的图像合成技术。

03.384 直接法纠正 direct scheme of digital rectification
在数字影像的几何纠正中,把原始影像的每个像元通过纠正公式变换到新影像的相应位置,同时把原始影像上像元灰度值赋予新影像相应像元位置上的一种数字影像变换方法。

03.385 间接法纠正 indirect scheme of digital rectification
由纠正后新影像的像元,通过纠正公式推求其在原始影像中的相应位置,并通过重采样将该位置的灰度值,反送到新影像相应像元上的一种数字影像变换方法。

03.386 影像融合 image fusion
用各种手段把不同时间、不同传感器系统和不同分辨率的众多影像进行复合变换,生成新的影像的技术。

03.387 影像金字塔 image pyramid
由原始影像按一定规则生成的由细到粗不同分辨率的影像集。

03.388 图像识别 image recognition
利用计算机对图像进行处理、分析和理解,以识别各种不同模式的目标和对像的技术。

03.389 图像编码 image coding
用尽可能少的比特数表示图像的技术方法。

03.390 彩色编码 color coding
用指定色别显示非连续密度梯级的方法。

03.391 多时相分析 multi-temporal analysis
将不同时间所获取的同一景物图像进行几何配准,提取目标动态信息的处理方法。

03.392 彩色坐标系 color coordinate system
用于表示色光三基色(红、绿、蓝)或色料三原色(黄、品红、青)和色彩三属性(明度、色相、饱和度)的坐标系。

03.393 图像分割 image segmentation
根据需要将图像划分为有意义的若干区域或部分的图像处理技术。

03.394 图像复合 image overlaying

将不同时相、不同波段或不同传感器系统获取的同一地区图像按同名像点精确叠合在同一图面上的图像处理方法。

03.395 图像描述 image description
用一个空间二维函数描述成像系统输入输出信号间关系的表示方法。

03.396 二值图像 binary image
图像上每一像元只有两种可能的数值或灰度等级状态的图像。

03.397 直方图均衡 histogram equalization
使原直方图变换为具有均匀密度分布的直方图,然后按该直方图调整原图像的一种图像处理技术。

03.398 直方图规格化 histogram specification
将原直方图调整为事先规定的形式,然后按该形式直方图调整原图像的一种图像处理技术。

03.399 图像变换 image transformation
按一定规则从一帧图像转化生成另一帧图像的处理方法。

03.400 彩色变换 color transformation
将红、绿、蓝系统表示的图像变换为用明度、色相、饱和度系统表示的图像的处理方法。

03.401 伪彩色图像 pseudo-color image
黑白影像经密度分割和彩色编码后形成的图像。

03.402 假彩色图像 false color image
多光谱图像彩色合成或彩红外摄影形成的与景物原有的天然颜色不同的彩色图像。

03.403 主分量变换 principal component transformation
在光谱特征空间中,用原始图像数据协方差矩阵的特征值和特征矢量建立起来的变换矩阵对原始图像实施的一种线性变换。

03.404 阿达马变换 Hadamard transformation
在矢量空间用哈达马矩阵作为变换核对图像阵列进行的线性正交变换。

03.405 沃尔什变换 Walsh transformation
在矢量空间用沃尔什函数对图像阵列进行的变换。

03.406 比值变换 ratio transformation
在多重影像处理中,利用两图像间对应像元亮度之比或多重影像组合的对应像元亮度之比作为处理后的图像亮度的图像处理方法。

03.407 生物量指标变换 biomass index transformation
以两图像间相应亮度差与其亮度和之比作为处理后的图像亮度值的图像处理方法。

03.408 穗帽变换 tasseled cap transformation
一种能够充分反映植物生长和枯萎的线性特征变换。

03.409 参照数据 reference data
用于遥感分析的非遥感源产生的有关地学数据或辅助数据。

03.410 图像增强 image enhancement
提高图像的清晰度、改善图像的视觉效果、突出感兴趣目标的图像处理方法。

03.411 边缘增强 edge enhancement
突出不同物体影像之间的边界及细节信息的图像处理。

03.412 边缘检测 edge detection
使用数学方法提取图像像元中具有亮度值(灰度)空间方向梯度大的边、线特征的过程。

03.413 反差增强 contrast enhancement
利用扩展图像的亮度范围从而扩大亮(灰)度差异,来改善图像观察效果的一种图像处理方法。

03.414　纹理增强　texture enhancement
利用突出图像纹理(有规律的影纹)达到增强图像目的的处理方法。

03.415　比值增强　ratio enhancement
通过两个波段相应影像灰度值的比值变换来突出图像中各类别和目标的增强方法。

03.416　纹理分析　texture analysis
对地物影像纹理特征进行提取分析、判断的过程。

03.417　彩色增强　color enhancement
将黑、白图像彩色化的图像处理方法。

03.418　模式识别　pattern recognition
借助计算机,就人类对外部世界某一特定环境中的客体、过程和现象的识别功能(包括视觉、听觉、触觉、判断等)进行自动模拟的科学技术。

03.419　特征　feature
可以作为标志的显著特点。

03.420　特征提取　feature extraction
通过影像分析和变换,以提取所需图像特征的方法。

03.421　特征选择　feature selection
把原始多波段测量参数,经过变换重新组合,从中选定对识别分类更有效的特征参数的过程。

03.422　特征编码　feature coding
对特征向量进行编码的工作过程。

03.423　距离判决函数　distance decision function
用某随机特征点到类别集群的距离度量建立起来的判别函数。

03.424　概率判决函数　probability decision function
用某特征点落入某类集群的条件概率度量建立起来的判别函数。

03.425　分类器　classifier
使待分对象被划归某一类而使用的分类装置或数学模型。

03.426　监督分类　supervised classification
根据已知训练区提供的样本,通过计算选择特征参数,建立判别函数以对各待分类影像进行的图像分类。

03.427　非监督分类　unsupervised classification
以不同影像地物在特征空间中类别特征的差别为依据的一种无先验类别标准的图像分类。

03.428　盒式分类法　box classification method
在多维特征空间中,设定表征每类属性的特征多面体,以待分个体落入某多面体中则属某一类作为判别准则的一种监督分类方法。

03.429　模糊分类法　fuzzy classification method
应用模糊数学理论,对待分类图像进行非二值逻辑判断的图像分类方法。

03.430　最大似然分类　maximum likelihood classification
在两类或多类判决中,用统计方法根据最大似然比贝叶斯判决准则法建立非线性判别函数集而进行分类的一种图像分类方法。

03.431　最小距离分类　minimum distance classification
求出未知类别向量到要识别各类别代表向量中心点的距离,将未知类别向量归属于距离最小一类的一种图像分类方法。

03.432　贝叶斯分类　Bayesian classification
依据贝叶斯准则(两组间最大分离原则)建

立的判别函数集进行的图像分类。

03.433 机助分类 computer-assisted classification

由计算机辅助进行的图像分类。

03.434 图像分析 image analysis

为从图像中提取信息所作的一系列计算机图像处理工作。

03.435 图像理解 image understanding

利用计算机从影像中提取被摄景物语义信息,以实现识别、分类和判读的过程。

03.436 体素 voxel

在地理信息系统(GIS)的真三维空间中,用以进行空间信息的数据记录、处理、表示等所采用的具有一定大小的最小体积单元。

03.437 系统集成 system integration

将不同的系统,根据应用需要,有机地组合成一个一体化的、功能更加强大的新型系统的过程和方法。

03.438 X 射线摄影测量 X-ray photogrammetry

利用X射线获取物体透视图像,确定内部目标形状、位置和大小的一门摄影测量技术。

03.439 航天摄影测量 spatial photogrammetry

通过航天飞行器所载传感器进行摄影,在获取的影像上进行量测与判译的科学与技术。

03.440 行星摄影测量 planetary photogrammetry

将航天摄影测量的理论和方法应用于行星测绘的技术。

03.441 视频摄影测量 video phtogrammtry

采用视频摄像机摄取图像,按照数字摄影测量方法确定被摄物体的位置、形状和大小的一门技术。

03.442 显微摄影测量 microphotogrammetry

通过显微装置获取微小物体图像进行相应处理的一种摄影测量方法。

03.443 数字近景摄影测量 digital close-range photogrammtry

根据数字摄影测量原理,确定近距离所摄影像中目标的形状、大小、位置和属性的技术。

03.444 数字摄影测量系统 digital photogrammetry system

具有数字化测绘功能的软、硬件摄影测量系统。

03.445 实时摄影测量系统 real-time photogrammetric system

在一个视频周期内完成图像获取、处理和输出的集成系统。

03.446 常角航摄仪 normal-angle aerial camera

物镜的视场角在50°~75°之间的航摄仪。

03.447 宽角航摄仪 wide-angle aerial camera

物镜的视场角在75°~100°之间的航摄仪。

03.448 特宽角航摄仪 superwide-angle aerial camera

物镜的视场角大于100°的航摄仪。

03.449 激光雷达 LIDAR, lightdetection and ranging

发射激光束并接收回波获取目标三维信息的系统。

03.450 成像雷达 imaging radar

通过发射雷达脉冲以接收物体后向散射信号,形成地物景观图像的一种传感器。

03.451 成像传感器 imaging sensor

接收场景物体反射或发射的电磁波信号,转化为图像并记录在某种介质上的仪器。

03.452 成像几何 imaging geometry
描述图像与物体投影关系的几何模型。

03.453 投影几何 projective geometry
描述承影面与物体面之间几何关系的理论。

03.454 核面几何 epipolar geometry
描述同名像点与物点共面关系的几何模型。

03.455 多视几何 multiple view geometry
描述同一场景不同视角的多幅图像与物体之间投影关系的几何模型。

03.456 大气遥感 atmospheric remote sensing
以大气为观测和研究对象的一种遥感技术。

03.457 环境遥感 environmental remote sensing
以全球或局部地区环境监测和应用为目的的遥感技术。

03.458 地质遥感 geological remote sensing
以地球表层地质构造为观测和研究对象的一种遥感技术。

03.459 国土资源遥感 land resource remote sensing
以国土资源为观测和研究对象的遥感技术。

03.460 激光遥感 laser remote sensing
利用激光进行大气、云雾、能见度、气溶胶、污染气体浓度及地表状态等方面探测的遥感技术。

03.461 雷达遥感 radar remote sensing
发射雷达脉冲以获取地物后向散射信号及其图像并进行地物分析的遥感技术。

03.462 雷达影像 radar image
侧向发射雷达脉冲并接收回波形成的影像。

03.463 光谱测量 spectral measurement
测定地物光谱反射率和发射率的方法。

03.464 光谱分辨率 spectral resolution
遥感影像每一波段的波长范围的量度。

03.465 光谱分析 spectral analysis
确定地物的光谱特征与地物物理化学属性的关系。

03.466 航测地面标志 artificial photogrammetric target
为空中三角测量布设的易辨认的地面标志。

03.467 航测内业 photogrammetric office work
航空摄影测量在室内进行的各种作业。

03.468 航测外业 photogrammetric field work
航空摄影测量在室外进行的各种作业。

03.469 航带 strip
沿着某一方向进行航空摄影,获取的前后相互重叠的影像序列。

03.470 航带法区域网平差 block adjustment with strip method
以航带为平差单元的区域网空中三角测量方法。

03.471 光束法区域网平差 bundle block adjustment
以一幅航摄图像的光线束作为平差单元的区域网空中三角测量方法。

03.472 航空影像 aerial image
通过航空飞行器进行摄影所获取的图像。

03.473 航天影像 space image
航天遥感平台上获取的地面图像。

03.474 卫星影像 satellite image
通过卫星传感器获取地球表面反射或发射的电磁波信号形成的图像。

03.475 遥感影像 remote sensing image
遥感平台上的各种传感器从地面、空中和太空获取的地球或外星球表面的图像。

03.476 **核线影像** epipolar image

从原始图像沿核线重采样得到的没有上下视差的图像。

03.477 **红外影像** infrared image

利用红外传感器获取的物体遥感图像。

03.478 **全色影像** panchromatic image

传感器获取整个可见光波区的黑白图像。

03.479 **航摄检校场** calibration field for aerial photogrammetric camara

为检校航摄仪而均匀布设永久地面标志的场地。

03.480 **航摄滤光片** aerophotographic filter

获取图像时用于阻挡一定波段光线的特殊镜片。

03.481 **混合像素** hybrid pixel

具有几种不同类型地物混合光谱特征的像素。

03.482 **内方位元素** elements of interior orientation

摄影测量中确定摄影瞬间像方光束形状的主距、主点坐标参数。

03.483 **外方位元素** elements of exterior orientation

摄影测量中用以描述摄影光束在物方空间坐标系中位置(X_S,Y_S,Z_S)与姿态(Φ,ω,K)的参数。

03.484 **图像处理系统** image processing system

对图像信息进行处理的计算机软、硬件系统。

03.485 **图像分类** image classification

根据图像特征区分不同类别目标的图像处理方法。

03.486 **图像检索** image retrieval

在图像集合中查找具有指定特征或包含指定内容的图像的技术。

03.487 **图像序列** image sequence

在不同时间、不同方位对目标依序连续获取的系列图像。

03.488 **图像压缩** image compression

通过去除图像灰度数据冗余,以节省存储空间的图像处理技术。

03.489 **图像重建** image reconstruction

对离散的数字影像阵列采用空间内插重建原始连续图像的技术。

03.490 **表面重建** surface reconstruction

利用影像或点云数据精确恢复物体三维表面形状的技术。

03.491 **自轮廓重建** shape from contour

利用不同视点(含单视点)获取的物体轮廓图像重构物体表面的技术。

03.492 **自阴影重建** shape from shading

利用图像上目标物体的灰度与光源方向恢复物体表面三维形状的技术。

03.493 **目标重建** object reconstruction

恢复遥感图像中感兴趣目标的位置、形状和属性的技术。

03.494 **目标提取** object extraction

将图像中感兴趣的目标与背景分割开来,识别和解译目标物体。

03.495 **边缘提取** edge extraction

确定图像中边缘特征点,形成连续完整边界的图像处理方法。

03.496 **同步摄影** synchronous photography

运动目标三维摄影测量中,两台或多台摄影机在同一瞬间对准同一目标曝光的摄影方式。

03.497 **多光谱扫描仪** multi-spectrum scanner

通过扫描方式获取同一景物多个不同波段图像的传感器。

03.498 相位激光扫描仪 phase-based laser scanner

通过测定物体反射激光束相位的方式，确定物体表面点三维坐标的仪器。

03.499 影像扫描仪 image scanner

将获取的像片转换成计算机可以显示、编辑、储存和输出的数字化设备。

03.500 影像分辨率 image resolution

图像再现物体细部能力的一种量度。

03.501 影像信息学 imaging informatics, icon informatics

一门将摄影测量、遥感、地理信息系统、计算机图形学、计算机视觉、空间科学与传感器技术相结合的边缘学科。

03.502 相位滤波器 phase filter

满足给定相位特性和时延要求的滤波装置。

03.503 维纳滤波 Wiener filtering

一种基于最小二乘估计的滤波方法，是由维纳(N. Wiener)1942 年首次提出的。

03.504 自适应滤波 adaptive filtering

通过实时跟踪输入信号的变化，自动调整滤波参数的滤波方法。

03.505 移动测图系统 mobile mapping system

基于定位传感器、定姿传感器、激光扫描仪与影像传感器集成的车载移动式快速数据采集系统。

03.506 遥感图像处理 remote sensing image processing

对遥感图像进行一系列操作，以达到预期目的的处理技术。

03.507 景像匹配制导 scene matching guidance

利用弹上实时拍摄地面景物的图像，与预储的数字式参照图像进行配准，确定导弹相对于目标位置的制导技术。

03.508 多影像配准 multi-imagery registration

通过寻找同名信息进行同一地区不同时期不同传感器图像配准的方法。

03.509 红外探测器 infrared detectors

将获取的红外辐射能转换为便于量测的电能的仪器。

03.510 自动判读 automatic interpretation

由计算机根据先验知识自动识别图斑属性的技术。

03.511 区域网空中三角测量 aerial triangulation

根据控制点的坐标值与其他已知数据，按最小二乘法原理对由相邻航带构成的区域网进行平差，计算图像的方位元素及各加密点的空间坐标的解析空中三角测量方法。

03.512 聚类分析 cluster analysis

对一组数据的群聚结构，根据其相似程度进行分类。

03.513 定位定姿系统 POS, Position and Orientation System

利用全球定位系统和惯性测量装置直接确定传感器空间位置和姿态的集成技术。

04. 地　图　学

04.001　地图学　cartography
研究模拟和数字地图的理论、技术以及应用的学科。

04.002　理论地图学　theoretical cartography
研究地图学的基础理论(地图空间认知、地图信息传输等)、应用理论(地图模型、地图感受、地图符号、地图功能等)和地图学发展历史的学科。

04.003　实用地图学　applied cartography
研究模拟和数字地图的设计、编绘、制版印刷、地图分析和应用的学科。

04.004　数学地图学　mathematical cartography
用数学方法研究地球椭球面与地图平面之间、地面要素的复杂性与地图图形的抽象性之间的变换和表达的学科。

04.005　比较地图学　comparative cartography
对不同国家或地区的地图制图技术的发展、地图内容的变化和不同社会对地图认识的差异进行分析比较的理论和方法。

04.006　专题地图学　thematic cartography
研究专题地图的理论、设计、编绘和应用的学科。

04.007　地图信息　cartographic information
地图上表示的可以被读者认识、理解并获得新知识的客体、现象及其时、空关系的内容与数据。

04.008　地图传输　cartographic communication
将地图作者、地图、地图读者视为一个整体来研究地图信息的传递过程的理论与方法。

04.009　地球仪　globe
用球体表示地球特征的缩小模型。

04.010　地图模型　cartographic model
指地图是一种反映客观世界物质的,数学的和认识概念的模型,是一种研究地图的性质和应用的理论方法。

04.011　地图符号学　cartographic semiology
将地图符号视为一种特殊语言,探讨其“语法”规则以及符号的“语义”和“语用”特征,从而研究地图符号的构图规律的理论。

04.012　地图印刷　map printing
用光化学方法或电子出版技术将地图转印到纸张或其他材料上的过程。

04.013　地图分析　cartographic analysis
对地图所表现的各种内容采用目视、图解、量算、数理统计或模型化等方法进行分析而揭示制图现象的质量、数量特征,分布规律与区域差异及相互联系的过程。

04.014　地图利用　map use
通过地图阅读与分析获取所需信息及解决相应问题的方法。

04.015　地图评价　map evaluation
对不同类型、不同用途的地图,按照不同的标准,就地图内容的完备性、现势性、精确性、正确性及整饰的艺术性等进行评估的过程。

04.016　地图量算法　cartometry
在地图上进行量测和计算,以获取地图上有关数据的方法。

04.017　地图判读　map interpretation

通过读图、分析、联想、推理或系统组合的方法，判断地图所表示的各种要素的质量特征及其分布规律的过程。

04.018 地图更新 map revision
依据地图所示区域变化的现实状态，修正地图内容以提高其精度和保持地图现势性的工作。

04.019 认知制图 cognitive mapping
人脑收集、组织、存储和处理地理环境信息，并按空间对象的位置和空间结构组织成有序的心象地图的过程。

04.020 野外填图 field mapping
用实地考察与调查的方法直接获取地理信息并填绘于地形图或像片图上的技术过程。

04.021 城市制图 urban mapping
为反映城市状况和发展规划而开展的具有测制立体空间和地下建设等专门技术的测制城市地图以及编制各种城市专题地图的过程与方法。

04.022 地籍制图 cadastral mapping
以地形图为基础或以航测大比例尺成图技术为基础，通过地籍调查，量测界址点坐标和地块面积，并综合在一起编绘成地籍图的技术过程。

04.023 宇宙制图 cosmic cartography
用现代科学技术观测和绘制地球、月球、太阳系、其他星球以及已知宇宙的技术过程。

04.024 自动化地图制图 automatic cartography
利用计算机和输入、输出设备及自动制图软件，对地图信息进行数字化、数据处理、图形输出而获取地图产品的技术。

04.025 计算机制图综合 computer cartographic generalization
通过建立一定的数学模型和人机对话，进行地图要素的选取、类级归并与数据压缩，实现对地图内容与图形的自动取舍概括的过程和方法。

04.026 地图分类 cartographic classification
分别以地图的内容、比例尺、制图区域范围、用途、介质表达形式和使用方法等作标志，将地图划分成各种类型或类别。

04.027 普通地图 general map
反映地表基本要素的一般特征的地图。

04.028 专题地图 thematic map
着重表示自然和社会经济现象中的某一种或几种要素，集中表现某种主题内容的地图。

04.029 地图集 atlas
具有统一设计原则和编制体例，在内容上相互协调的多幅地图的系统汇编。

04.030 专用地图 special use map
具有专门用途的地图，其内容和形式根据用户的特殊要求进行设计。

04.031 特种地图 particular map
利用特殊介质制成或以特殊形式显示的地图。

04.032 军用地图 military map
为军事需要制作的各种地图。

04.033 人文地图 human map
反映社会和上层建筑各个领域的事物和现象，即人文现象的各种地图。

04.034 政治地图 political map
显示政治形势与政治事件的地图。

04.035 经济地图 economic map
反映经济现象分布、规模、结构、演变和相互关系的地图。

04.036 人口地图 population map
反映人口的自然、社会和人文特征及分布规

律的地图。

04.037 **历史地图** historic map

反映历史时期的政治、军事、文化、经济、自然状况及其变化与联系的地图。

04.038 **古地图** ancient map

历代制作的各种地图,包括保存下来的文献中有所记载的地图。

04.039 **文化地图** cultural map

反映文化事业和现象的分布与构成的地图。

04.040 **行政区划地图** administrative map

反映行政管辖范围及各行政中心分布的地图。

04.041 **自然地图** physical map

反映自然环境各种要素或现象的空间分布规律、区域差异及其相互关系的地图。

04.042 **地势图** hypsometric map

着重表示地势起伏和水系形态特征与分布规律的地图。

04.043 **地貌图** geomorphological map

表现陆地和海底地貌分布状况及其成因与形态类型的地图。

04.044 **地貌形态示量图** morphometric map

表示地貌形态数量指标的地图,如切割密度图、切割深度图、地面坡度图等。

04.045 **景观地图** landscape map

表示地表多种自然地理要素的空间分布和规律的综合地图。

04.046 **环境地图** environmental map

反映自然环境、人类活动对自然环境的影响和环境对人类的危害及环境治理等内容的地图。

04.047 **系列地图** series maps

统一设计编制的反映区域或部门基本情况或某一主题内容的一组地图。

04.048 **组合地图** homeotheric map

在一幅地图上采用多种表示方法与手段的组合表示多种要素或现象或一种要素多项指标的地图。

04.049 **屏幕地图** screen map

数字地图在屏幕上的可视化表示。

04.050 **多边形地图** polygonal map

用多边形轮廓界线表示制图对象性质或数据特征的空间数据分布的地图。

04.051 **格网地图** grid map

以格网为单位表示制图对象的质量或数据特征的空间分布的地图。

04.052 **模拟地图** analog map

与数字地图相对应的语词。原指一切可感知的地图,包括传统地图和盲人地图。

04.053 **等值线地图** isoline map

以相等数值点连线表示空间连续分布且逐渐变化的现象数量特征的地图。

04.054 **伪等值线地图** pseudo-isoline map

用等值线表示非连续分布、非逐渐变化的现象变化状况的地图。

04.055 **等值区域图** choroplethic map

又称“分区量值地图”。用面状符号描绘统计面的等值区域的地图。

04.056 **分区密度地图** dasymetric map

用限定变量、相关变量、位置数据密度表示制图现象的本质或派生数据值的单位面积的效率和变化的地图。

04.057 **类型地图** typal map

利用质底法表示空间连续分布的制图对象的质量分类特征及其地理分布的地图。

04.058 **统计地图** statistic map

运用统计数据,以图表形式反映统计单元内制图对象性质、数量特征的地图。

04.059　区划地图　regionalization map

根据自然或社会经济现象在地域上总体和部分之间的差异性与相似性,划分不同区域的地图。

04.060　分析地图　analytical map

在专题地图上,以分析对象的具体指标显示某一方面性质或特性的地图。

04.061　综合地图　comprehensive map

以内容和形式统一协调性为基本要求,反映多种要素或现象及相互联系的地图。

04.062　合成地图　synthetic map

表示多种相关要素与现象或一种要素多项指标合成结果的地图。

04.063　规划地图　planning map

表示发展规划方案的地图。

04.064　预报地图　prognostic map

根据现象变化趋势对未来发展作出估计的地图。

04.065　教学地图　school map

按教学内容和教学方法的要求编制,供学校教学用的各种地图。

04.066　现势地图　up-to-date map

即时标示经济、社会和自然内容变动的最新资料,供编制新地图使用的地图。

04.067　态势地图　posture map

反映自然、社会、经济和军事等现状及发展趋势,为适时分析决策提供服务的地图。

04.068　旅游地图　tourist map

供旅游业和旅游者使用的地图。

04.069　定向运动地图　orienteering map

以大比例尺地形图为基础,突出表示与选择路线、寻找目标有关的内容,专为定向越野运动员使用的地图。

04.070　心象地图　mental map

人通过多种手段获取地理环境信息后,在头脑中形成的关于认知环境的空间概念。

04.071　虚拟地图　virtual map

存在于电脑和人脑中的地图。包括数字地图和心象地图。

04.072　瞬间地图　twinkling map

在动态制图中表示某一特定时刻现象分布特征、数量和质量特征的地图。

04.073　动态地图　dynamic map

表示事物或现象的移动方向、路线、数量及质量的变化特征的地图。

04.074　触觉地图　tactual map

用凸凹的线状、点状和面状纹理符号构成的用手的触觉感受的地图。

04.075　填充地图　outline map [for filling]

表示基本地理轮廓线,供教学和专业工作填充用的地图。

04.076　荧光地图　fluorescent map

采用荧光油墨或其他发光材料制作,在紫外线照射下或在黑暗中可以发光的地图。

04.077　缩微地图　microfilm map

经高倍投影缩小晒制在感光片上的微型化地图制品。

04.078　鸟瞰图　bird's eye view map

用高点透视法绘制的地图。

04.079　数字地图　digital map

以数字形式储存在计算机存储介质上的地图。

04.080　多媒体地图　multimedia map

用多媒体技术建立、储存和传送,并同时具备声、像多功能显示的地图。

04.081　电子地图　electronic map

以数字地图为数据基础、以计算机系统为处理平台、在屏幕上实时显示的地图。屏幕地图及支持其显示的地图软件的总称。

04.082　立体地图　relief map
以三维的实体形式表示地表形态的地面模型。

04.083　视觉立体地图　stereoscopic map
通过特殊技术方法使地图在人的视觉中产生生理性的立体感觉的地图。

04.084　互补色地图　anaglyphic map
将两组透视图像或正射影像像片的像对，分别用两种互为补色的颜色按视差错位套印在一张图纸上，通过互补色眼镜可观察出其地面立体起伏的地图。

04.085　浮雕影像地图　picto-line map
利用光化学技术将航摄像片的影像对比增强后所制成的在视觉上产生立体感的地图。

04.086　拓扑地图　topological map
以结点、弧段和多边形等简单图形记号表示地理实体之间连通、邻接、关联、包含、数量对比等关系，但不涉及其量度性的地图。

04.087　航空图　aeronautical chart
空中领航和地面导航用的各种地图的总称。

04.088　世界地图集　world atlas
系统反映世界范围及各部分基本概况的地图集。

04.089　国家地图集　national atlas
反映一个国家自然、经济、人口、历史和文化全貌，并以权威性机构名义编制出版的大型综合地图集。

04.090　区域地图集　regional atlas
反映自然或行政区域自然条件、自然资源、人口、经济发展状况等特点的地图集。

04.091　普通地图集　general atlas
以普通地图为主构成的地图集。

04.092　专题地图集　thematic atlas
以反映某类专题内容为主的地图集。

04.093　综合地图集　comprehensive atlas
从自然、社会、经济、政治、文化等多方面反映制图区域特征的地图集。

04.094　电子地图集　electronic atlas
具有检索、对比、分析功能的电子地图的系统集成。

04.095　地图设计　map design
通过创意、实验、确定新编地图的内容、形式及其生产技术流程的工作。

04.096　地图整饰　map finishing
泛指地图设计与生产中美化地图外貌及规格化的各种技术工作。

04.097　图面配置　layout
地图上所有辅助要素（如图名、图例、插图、附图、文字说明等）在图面上的位置及大小的布置过程。

04.098　地图复杂性　map complexity
由地图表示内容项目的多少和地图载负量的大小所决定的地图内容的复杂程度。

04.099　地图清晰性　map clarity
地图上的符号、色彩、图形及注记被读图者辨认的难易程度。

04.100　地图易读性　map legibility
地图表达的信息被用图者阅读、识别、分析与接受的程度。

04.101　基本图形符号　primary graphic elements
表达地图上地理要素内容的最基本的点、线、面、体状符号。

04.102　视觉分辨敏锐度　resolution acuity
在标准视力情况下，分辨观察对象细微差别的能力。

04.103　能见敏锐度　visibility acuity

在标准视力情况下,感知最小对象的能力。

04.104 类别视觉感受 perceptual grouping
将观察对象区分出不同类别的视觉效果。

04.105 视觉变量 visual variable
人的视觉可以区分的形状、尺寸、方向、色彩、亮度、密度等基本图形元素。

04.106 视觉层次 visual hierarchy
在二维平面上利用颜色的变化、符号的大小、线划的粗细对视觉的不同刺激而产生的远近不同层面的视觉效果。

04.107 视觉对比 visual contrast
视觉变量达到的差异程度。

04.108 视场对比 simultaneous contrast
在同一视场内,观察不同亮度或不同色彩时所产生的视觉区别效果。

04.109 连续对比 successive contrast
按顺序依次观察不同亮度或不同色彩时所产生的视觉区别效果。

04.110 视觉平衡 visual balance
观察的客体对象各视觉要素(视觉中心、视觉重心、视觉重量)在人们按一定原则给定的应有的地位上,从而达到各要素的关系合理、协调,具有平衡感的视觉效果。

04.111 参照效应 reference effect
地图上某要素比照另一要素时所呈现的视觉特性。

04.112 图形-背景辨别 figure-ground discrimination, F-G discrimination
人的视觉感受本能地把观察对象分为注视的能看得清的印象和不注视的近于无形状的周围背景(二者可互换)的视觉效果。

04.113 适应性水平 adaptation level
指地图在不同环境中和特定要求下的易读性水平。

04.114 地图内容结构 cartographic organization
由数学要素、地理要素、专题要素和辅助要素所构成的地图内容组织方式。

04.115 等级结构 hierarchical organization
地理要素、专题要素按各自规定的标准划分等级的组织方式。

04.116 整体结构 extensional organization
以地图内容各要素的融合、协调、负载量的适度显示为特征的整体组织方式。

04.117 再分结构 subdivisional organization
地理要素(包括专题要素)各大类的再分组织方式。

04.118 多层结构 multi-layer organization
地图内容在视觉上区分出几个层面的多层组织方式。

04.119 地图感受 map perception
地图使用者对地图图像所感受的视觉效果和认识特征。

04.120 感受效果 perceptual effect
视觉变量引起视觉感受的多种效果,一般归纳为:整体感、等级感、数量感、质量感、动感和立体感。

04.121 选取指标 index for selection
地图制图作业中,对地图要素进行取舍时规定的分界尺度或数量标志(量度、大小、间隔等)。

04.122 定额指标 index for selection norm
地图制图作业中规定的地图上单位面积内选取地物的数量(如地图上 100 平方厘米内选取 125 个居民地)。

04.123 绝对阈 absolute threshold
能够引起感觉的最小刺激强度。

04.124 差异阈 difference threshold

能够引起差异感觉的刺激之间的最小差别。

04.125 恰可察觉差 just noticeable difference, JND

目视观察时可以区分出差异的最小阈限。

04.126 动态变量 dynamic variable

连续地随时间变化且无固定值的变化量。

04.127 动感 autokinetic effect

从图形构造上获得一种运动的视觉效果。

04.128 动画引导 animated steering

用户实时处理地图数据动画显示的一种主动方法。

04.129 整体感 associative perception

观察由不同像素组成的一个图形时,由于不同像素的视觉变量之间差别不明显,从而给观察者形成整体的视觉效果。

04.130 等级感 ordered perception

将观察对象迅速而明显地分出几个等级的视觉效果。

04.131 数量感 quantitative perception

将观察对象与一个表示数量的标准图形(通常是图例中的符号)相比较而获得数量概念的视觉效果。

04.132 质量感 qualitative perception

将观察对象区分出几种质量差别的视觉效果。

04.133 深度感 depth perception

观察平面构图时获得的心理上的立体感的视觉效果。

04.134 名义量表 nominal scaling

将制图对象按固有特征,即根据性质确定差别而不涉及定量关系表示到地图上的方法。

04.135 顺序量表 ordinal scaling

将制图对象按某一标志排出顺序并表示在图上的方法。

04.136 等距量表 interval scaling

将制图对象的数据按一定计量单位确定间隔、划分等级并表示在图上的方法。

04.137 比例量表 ratio scaling

一种有计量单位,也有基准起始点的显示制图对象绝对值的表示方法。

04.138 龟纹 moire

由于各色版所用网点角度安排不当等原因,印刷图像出现的不应有的花纹。

04.139 底色去除 base-color removal

在四色复制中,用三原色还原灰色和黑色时,降低三原色比例相应增加黑色比例的工艺。

04.140 底色增益 base-color enhancement

增加深暗调处的基本色量,提高图像密度的一种工艺。

04.141 图形记号 graphic sign

未赋予定性和定量含义的用点、线、颜色、文字组成的图形。

04.142 图形符号 graphic symbol

表示地图要素的空间位置及其质量和数量特征的特定图形记号或文字。

04.143 地图语言 cartographic language

由各种符号、色彩与文字构成的表示空间信息的图形视觉语言。

04.144 地图语法 cartographic syntactics

地图语言三要素之一。地图符号系统组合的结构方式与规则,反映地图符号与符号之间的关系。

04.145 地图语义 cartographic semantics

地图语言三要素之一。地图符号所代表的信息含义,反映地图符号与制图对象之间的关系。

04.146 地图语用 cartographic pragmatics

地图语言三要素之一。地图符号的实用性，包括辨别性、易懂性、易记忆等，反映地图符号与使用者之间的关系。

04.147 地图研究法 cartographic methodology

应用地图研究各种事物和现象的分布规律、质量数量特征和动态变化的方法（包括目视分析、图解分析、地图量测、数理统计分析和数学模型等方法）以及以制图作为研究手段进行综合评价、预测预报、区划规划与决策管理的方法。

04.148 制图综合 cartographic generalization

对地图内容按照一定的规律和法则进行选取和概括，用以反映制图对象的基本特征和典型特点及其内在联系的过程。

04.149 制图分级 cartographic hierarchy

根据地图要素的质量特征和数量特征划分等级的过程。

04.150 制图选取 cartographic selection

制图综合方法之一。根据制图综合指标选择表示地物的过程。

04.151 制图简化 cartographic simplification

制图综合方法之一。运用删除、合并、分割等方法简化地图要素图形的过程。

04.152 制图夸大 cartographic exaggeration

对需要在地图上突出表示的制图对象在形状特征和图形上加以夸大表示的方法。

04.153 符号化 symbolization

制图对象或数据经综合处理后，选用恰当的符号表示在图上的过程。

04.154 地图负载量 map load

地图上单位面积内线划、符号和注记面积的总和。

04.155 等角投影 conformal projection

又称“正形投影”。在一定的范围内，投影面上任何点上两个微分线段组成的角度投影前后保持不变的一类投影。

04.156 等积投影 equivalent projection

地图上任何图形面积经主比例尺放大后与实地相应的图形面积保持大小不变的投影。

04.157 等距投影 equidistant projection

沿经圈或垂直圈方向的距离，投影前后保持不变的一种任意投影。

04.158 任意投影 arbitrary projection

角度变形、面积变形和长度变形同时存在的一种投影。

04.159 方位投影 azimuthal projection

以平面为承影面的投影。假想用一个平面与地球相切或相割，将球面上的经纬网投影到平面上，能保持由投影中心到任意点的方位与实地一致的投影。

04.160 圆柱投影 cylindrical projection

以圆柱面为承影面的一类投影。假想用圆柱包裹着地球且与地球面相切或相割，将经纬网投影到圆柱面上，再将圆柱面展开为平面而成。

04.161 圆锥投影 conic projection

以圆锥面为承影面的一类投影。假想用圆锥包裹着地球且与地球面相切或相割，将经纬网投影到圆锥面上，再将圆锥面展开为平面而成。

04.162 多圆锥投影 polyconic projection

假想用一系列同轴圆锥切于地球各纬线上，将地球上的经纬线投影到各圆锥面上，然后沿某一母线展开而成。

04.163 球心投影 gnomonic projection

又称“日晷投影”，“大环投影”。一种任意性质的透视方位投影。视点位于地球球心，承影面与地球面相切，投影平面与通过视点的直径相垂直。

04.164　正射投影　orthographic projection

一种任意性质的透视方位投影。承影面切于球面，视点位于无限远处，投影线互相平行且垂直于承影面。

04.165　透视投影　perspective projection

以几何透视方法获得经纬网的一种投影。随着视点位置的不同，而分为球心投影、球面投影、外心投影和正射投影等。

04.166　球面投影　stereographic projection

等角透视方位投影之一。承影面切于球面，视点位于切点的对点上，投影平面垂直于过视点的直径。

04.167　正轴投影　normal projection

指投影时承影面的轴与地轴相一致的一类投影。投影面为平面时，该面与地球自转轴垂直；投影面为圆柱面或圆锥面时，其中心轴与地球自转轴重合。

04.168　横轴投影　transverse projection

指投影时承影面的轴与地轴垂直的一类投影。投影面为平面时，该面垂直于赤道某一直径；投影面为圆柱或圆锥面时，其中心轴与赤道某一直径重合。

04.169　斜轴投影　oblique projection

指投影时承影面的轴与地轴斜交的一类投影。投影面为平面时，该面的法线与地球的转轴斜交；投影面为圆柱或圆锥面时，其中心轴与地球自转轴斜交。

04.170　变比例投影　varioscale projection

采用数学或几何方法，使地图图面比例尺发生大小变化，以突出某些重要的局部地区图形的投影。

04.171　分瓣投影　interrupted projection

采用不同的中央经线在非主要部分裂开，然后又在赤道连接的一种投影。

04.172　多焦点投影　polyfocal projection

在一幅地图中，设有多个投影中心，且自投影中心向四周辐射，比例尺逐渐、连续变化的一种投影。

04.173　兰勃特投影　Lambert projection

通常指“兰勃特等面积方位投影”。由德国数学家兰勃特 1772 年拟定。此外还有“兰勃特等面积圆柱投影”和“兰勃特等面积圆锥投影”。

04.174　双标准纬线投影　projection with two standard parallels

投影后具有两条标准纬线的投影。即正轴（等角或等面积）割圆锥或圆柱投影，通常是指正割圆锥投影。

04.175　墨卡托投影　Mercator projection

正轴等角圆柱投影。由荷兰地图学家墨卡托（G. Mercator）于 1569 年创拟。假想一个与地轴方向一致的圆柱切或割于地球，按等角条件，将经纬网投影到圆柱面上，将圆柱面展为平面后，即得本投影。

04.176　通用横墨卡托投影　Universal Transverse Mercator projection, UTM

一种等角横割椭圆柱 6°分带投影。美国于 1948 年实行的专用地形图投影，用于南北纬 80°之间的地区。后被很多国家所采用。

04.177　通用极球面投影　Universal Polar Stereographic projection, UPS

一种等角正割椭球方位投影。美国于 1948 年设计的专用地形图投影，用于南北纬 80°以上地区。

04.178　标准纬线　standard parallel

地图投影中纬线上无变形的纬线。

04.179　投影变形　distortion of projection

地球球面投影到平面（可展曲面）后所产生的长度变形、面积变形和角度变形的总称。

04.180　变形椭圆　indicatrix ellipse

地球面上一个微分圆在地图平面上的投影，是一种显示投影变形的几何图形。

04.181 等变形线 distortion isograms
变形值相等的各点的连线。用以显示地图投影变形大小和分布状况。

04.182 投影变换 projection transformation
将一种地图投影点的坐标变换为另一种地图投影点的坐标的过程。

04.183 地图表示法 cartographic presentation
按可视化原则在地图上表示各种地理信息的方法。

04.184 首曲线 intermediate contour
从高程基准面起算，按固定等高距描绘的等高线。

04.185 计曲线 index contour
从高程基准面起算，每隔四条(或三条)首曲线加粗的一条等高线。

04.186 间曲线 half-interval contour
按二分之一固定等高距描绘的等高线。

04.187 助曲线 extra contour
又称“辅助等高线”。按四分之一固定等高距描绘的等高线。

04.188 示坡线 slope line
绘于等高线上的用于指示斜坡降落方向的短线。

04.189 分层设色法 hypsometric layer
将地貌按高度划分为若干高程带，逐带设置不同且渐变的颜色表示地面起伏形态的方法。

04.190 分层设色表 graduation of tints
用分层设色法表示地貌时，按一定色彩变化或视觉感受规律为各高程带设计的色系表。

04.191 晕渲法 hill shading
用色调的明暗、冷暖变化表示地面起伏形态的方法。

04.192 晕滃法 hachuring
用不同长短、粗细和疏密的线条表示地面起伏形态的方法。

04.193 运动线法 arrowhead method
用箭形符号的不同宽窄带显示地图要素的移动方向、路线及其数量、质量特征的方法。

04.194 点值法 dot method
以代表一定数值的点状符号，反映地图要素的分布范围、数量特征和密度变化的方法。

04.195 等值线法 isoline method
在地图上用各等值点连成的连续曲线表示连续分布的制图对象数量特征的方法。

04.196 范围法 area method
用轮廓线、颜色、晕线、注记及符号等方法在地图上表示制图对象的分布范围及状况的方法。

04.197 质底法 quality base method
以色彩、晕线或面状符号表示连续或布满整个制图区域内各种制图对象质量特征的方法。

04.198 量底法 quantity base method
以色彩、晕线或面状符号表示连续或布满整个制图区域内各种制图对象数量特征的方法。

04.199 分区统计图表法 chorisogram method, cartodiagram method
用统计图表反映各区划单位内地图要素的数量及其结构的方法。

04.200 定位统计图表法 positioning diagram method
用统计图表反映点位上地图要素数量及其结构的方法。

04.201 分区统计图法 cartogram method, choroplethic method

又称"等值区域法"。以一定区划为单位,根据各区某地图要素的数量平均指标进行分级,并用相应色级或不同疏密晕线表示该要素在不同区划单位的差别的方法。

04.202 网格法 grid method

在制图区域内以网格为单位用色彩或网纹表示地图要素质量或数量特征的方法。

04.203 点状符号 point symbol

用来表示可视为点的地物或现象的符号,符号的大小与地图比例尺无关但具有定位特征。

04.204 线状符号 line symbol

用来表示可视为线的地物或现象的符号,符号沿着某个方向延伸,其长度与地图比例尺有关。

04.205 面状符号 area symbol

用来表示呈面状分布的地物或现象的符号,符号的范围同地图比例尺有关。

04.206 块状图 block diagram

用透视法绘制的局部立体图。

04.207 剖面图 profile

以垂直于地表的截面切割地面以反映地面起伏曲线或内部构成的图形。

04.208 斜截面法 oblique tracing

以与地表面成倾斜角的连续截面切割地面,形成一组地面起伏曲线,以反映地面起伏的立体显示法。

04.209 透视截面法 perspective tracing

以透视法规则绘制的剖面图反映地面起伏的方法。

04.210 地图编绘 map compilation

编绘地图的作业过程。包括编辑准备、原图编绘和出版准备三阶段。

04.211 地图复制 map reproduction

根据地图设计要求将地图原稿用照相制版、电子制板或其他复印方法制成彩色或单色地图的工艺过程。

04.212 地图编辑 map editing

制定地图成图技术方案并负责指导地图生产全过程的工作。

04.213 编辑大纲 map editorial policy

指导编绘作业的技术文件。

04.214 清绘 fair drawing

将实测原图或编绘原图按照图式、规范和编辑要求进行线划整饰,得到图面质量符合出版要求的一种绘图作业。

04.215 编绘 compilation

根据编辑设计文件,将各种资料编制成一幅编绘原图的技术过程。

04.216 刻绘 scribing

地图清绘方法之一。按照地图质量要求和照相制版要求,使用刻图工具,对用地图原稿或编绘原图所复制的刻膜蓝图进行刻制,从而获得印刷原图的过程。

04.217 蒙绘 tracing, mask artwork

在地图原稿上蒙上透明材料,进行地图内容要素绘制、整饰的过程。

04.218 编绘原图 compiled original

经地图编绘作业后可交付清绘的图件。

04.219 出版原图 final original

经地图清绘作业后可交付印刷的图件。

04.220 分版原图 flap

按地图要素的印色分版或按注记及线划要素分版绘制的图件。

04.221 图廓 neat line

一幅图的范围线,分为内图廓线和外图廓线。

04.222　图幅　mapsheet

反映一定区域并赋予地图图名的一幅地图(单张或多张图组成)。

04.223　方里网　kilometer grid

在地图上按平面直角坐标系的一定纵横间距,在地图上分划的格网。

04.224　邻带方里网　grid of neighboring zone

在投影带边缘的图幅上绘出的相邻投影带地图上的方里网。

04.225　地理格网　geographic grid

将地球椭球体面用一定间隔划分经线与纬线所形成的网格。

04.226　格网单元　cell

具有相对独立的不可再分的最小网格单位。

04.227　图幅编号　sheet designation, sheet number

每幅地图的代号。常用行列编号法、经纬度编号法和自然序数编号法。

04.228　图幅接合表　index diagram, sheet index

标明某一地区或分幅图的各图幅相关位置关系的略图。

04.229　图幅接边　edge matching

相邻图幅边缘要素的衔接过程。

04.230　图例　legend

图内所用符号和表示方法的释义和说明。

04.231　图历簿　mapping recorded file

记载制图过程中有关资料和技术问题处理情况以及质量检查记录的技术档案。

04.232　地图注记　map lettering

地图上文字和数字的通称。

04.233　地图阅读　map reading

观看并认识、理解地图内容的过程。

04.234　制图资料　source material, cartographic document

编制地图所需要的测量控制成果、地图、航片、遥感图像和文字等各种资料。根据使用程度可分为基本资料、补充资料和参考资料。

04.235　制图精度　mapping accuracy

地图绘制各工序,包括展绘数学基础,线划描绘和制图综合的精确程度。

04.236　位置精度　positional accuracy

空间点位获取坐标值与其真实坐标值的符合程度。

04.237　惯用名　conventional name

已广泛使用的,约定俗成的地名。

04.238　地名标准化　place-name standardization

按一定形式和规则统一对地名定名的过程。

04.239　地名正名　orthography of geographical name

职能部门对不当地名的订正。

04.240　地名通名　geographical general name

说明地物、地貌本身含义或具有共性特点的通用名称。如山、河、湖、海等。

04.241　地名转译　geographical name transcription, geographical name transliteration

用音译(用字母标记语言的方法)和转写(用一种字母表的字符标记另一种字母表的字符的方法)两种方式针对不同文字的地名、人名或术语进行互译。

04.242　地名索引　geographical name index

将地图上全部地名按一定规则编排并附注所在页码、坐标代号的表格。

04.243　地名录　gazetteer

将一定区域内地理实体的名称、地理坐标和

有关内容编辑成的手册。

04.244 数字地图学 digital cartography
根据地图编辑计划和要求,以计算机及其外围设备作为主要的制图工具,应用数据库技术和图形处理方法,解决地图信息的获取、处理、显示和输出地图图形的理论和方法。

04.245 数字制图数据标准 digital cartographic data standard
按一定格式和规则统一图形数据、属性数据的规定。

04.246 地图制图软件 cartographic software
用电子计算机语言及指令对地图制图的各个过程所编写的各种计算机程序的总称。

04.247 任意比例尺 arbitrary scale
计算机制图中可以用区别于常规比例尺进行地图数据的输入、输出的一种比例尺。

04.248 矢量数据 vector data
在直角坐标系中,用 X、Y 坐标表示地图图形或地理实体的位置和形状的数据。

04.249 栅格数据 raster data
按栅格阵列单元的行和列排列的有不同"值"的数据集。

04.250 地图数字化 map digitizing
实现从模拟地图到数字信息转换的过程。

04.251 跟踪数字化 digitizing by tracing method
地图数字化的方法之一。利用跟踪数字化仪或在计算机屏幕上,将地图图形或图形栅格数据转换成矢量数据的方法。

04.252 点方式 point mode
手扶跟踪数字化仪的记录方式之一。即将标示器的十字丝交点对准需要数字化的点,按动释放键一次,即记录一次点的坐标。

04.253 连续方式 continuous mode
手扶跟踪数字化仪的操作方式之一。将标示器的十字丝交点沿着需数字化的线段移动,每经过一定的时间间隔或走过一定的距离间隔就自动启动记录开关。即连续记录各点的坐标值。

04.254 分层 layer
按照一定规律,对地图数据进行分组的过程。

04.255 专题层 thematic layer
经分层后,专门存放某一专题信息内容的数据层。

04.256 空间信息可视化 visualization of spatial information
将复杂的地理现象以图形的方式显示出来,在动态、时空变化和可交互的地图条件下探索视觉效果和提高视觉功能的技术。

04.257 地图符号库 map symbols bank
利用计算机存储表示地图的各种符号的数据信息、编码及其管理软件的集合。

04.258 地理信息传输 geographic information communication
地理信息被人们所认识、理解、转换、表示和利用的过程。

04.259 三维地景仿真 three-dimensional landscape simulation
根据数字高程模型、遥感影像或地图等数据用计算机生成三维地形景观图像的技术。

04.260 动态地景仿真 dynamic landscape simulation
利用计算机将所生成的三维图像,它随时间的变化或使用者(操作者)视点的移动而相应改变,用以模拟实地观察场景的技术。

04.261 扫描数字化 digitizing by scanning method
地图数字化方法之一。即利用扫描仪将地

图图形或图像资料转换成栅格数据的方法。必要时还需通过图形图像识别软件或屏幕跟踪软件，将其转换成矢量数据。

04.262 图形元素 graphic element
数字制图中的点、线、面状要素。

04.263 识别码 identification code
用来识别地图点、线、面基本元素特征的代码。

04.264 特征码 feature code
用来表示地图要素类别、级别和其他质量、数量特征的代码。

04.265 特征码清单 feature code menu
数字化跟踪时，对地图要素编码的一种方法。在数字化仪台面或界面上开辟一个区域，并在该区域内划分若干个小方格，每个小方格代表地图的一个图例。

04.266 数字化文件 digital file
指地图资料进行数字化而产生的原始文件。包含地图要素的特征码和特征点位的平面坐标。

04.267 地图数据结构 map data structure
指构成地图内容诸要素的数据集之间的相互关系和数据记录的编排组织方式。

04.268 格网结构 grid structure
以格网单元为基础的地理空间数据组织方式。

04.269 多边形结构 polygon structure
以点、线、面等图形元素为基础的空间数据的组织方式。

04.270 数字图形处理 digital graphic processing
指用电子计算机对图形进行分析、分类、编辑、校正、更新以及图形输出等的工作。

04.271 空间数据转换 spatial data transfer
将空间数据从一种表示形式转变为另一种表示形式的过程。

04.272 数据质量控制 data quality control
采用一定的工艺措施，使数据在采集、存储、传输中满足相应的质量要求的工艺过程。

04.273 信息属性 information attribute
各种信息的本质特征或特性。

04.274 地图显示 map display
利用计算机技术将地图内容展现在屏幕上的过程。

04.275 地图叠置分析 map overlay analysis
同一地理区域多层数据的叠加运算，从而获取新信息的方法。包括合成叠置分析和统计叠置分析。

04.276 地图潜信息 cartographic potential information
地图所包含的除语义信息以外的只有通过地图的分析与判读才能获得的有关现象分布特征与规律的新知识的深层信息。

04.277 开窗 windowing
显示或提取全部数据库图形中的一部分的过程。

04.278 虚拟地景 virtual landscape
虚拟现实技术用于地景仿真的新方法。由计算机生成的可与用户在视觉、听觉上实行交互，使用户有身临其境之感的人造环境。它在测量与地学领域中的应用可以看作地图认知功能在计算机信息时代的新扩展。

04.279 剪辑 clip
又称“剪截”。地理信息系统（GIS）中叠加处理功能（分离、合并、交叉等）之一。根据给定的条件，从已知数据集中析取部分内容，形成新的数据集。

04.280 定性检索 retrieval by header
从文件中查找和选择所需的具有某种性质

的数据的操作或过程。

04.281 定位检索 retrieval by window

又称“开窗检索”。从文件中查找和选择有一定位置或区域内的数据的操作或过程。

04.282 拓扑检索 topological retrieval

从文件中查找和选择具有拓扑关系的数据的操作或过程。

04.283 拓扑关系 topological relation

指满足拓扑几何学原理的各空间数据间的相互关系。即用结点、弧段和多边形所表示的实体之间的邻接关联和包含等关系。

04.284 属性精度 attribute accuracy

指所获取的属性值与其真实值的符合程度。

04.285 逻辑兼容 logical consistency

又称“逻辑一致性”。空间数据在逻辑关系上的一致性。

04.286 自动绘图 automatic plotting

利用计算机对地图数据进行编辑加工并控制绘图仪自动绘出所需地图的过程。

04.287 绘图文件 plotting file

由绘图指令集合组成的控制绘图机绘图用的程序和数据文件。

04.288 矢量绘图 vector plotting

利用矢量绘图机按照相邻点的坐标增量进行绘图的方式。

04.289 曲线光滑 line smoothing

通过曲线内插程序计算加密点,连接各相邻点而获得光滑曲线的方法。

04.290 栅格绘图 raster plotting

采用栅格绘图机按照栅格像元的灰度值进行绘图的方式。

04.291 胶印 offset printing

印版上的图文先印在中间载体(橡皮布滚筒)上,再转印到承印物上的间接印刷方式。

04.292 接触印刷 contact printing

将印刷版面与承接物密合接触的印刷方式。

04.293 四色印刷 four color printing

为改善减色印刷的效果而增加黑色印版的全彩色复制的印刷方法。

04.294 减色印刷 reducing color printing

用品红、黄、青三原色油墨按不同比例叠合实行全彩色复制的印刷方法。

04.295 印刷版 printing plate

用于传递油墨至承印物上的印刷图文载体。通常划分为凸版、凹版、平版和孔版四类。

04.296 颜色空间 color space

指不同波长的电磁波谱与不同物质相互作用所构成的色谱空间。

04.297 预制感光版 presensitized plate

又称“PS 版”。预先涂布感光层、可随时进行晒版的平印版材。

04.298 晒版 printing down, plate copying

用接触曝光的方法把阴图或阳图底片的信息转移到印刷版的过程。

04.299 修版 retouching

按色分版修涂,使之成为只含有单一颜色要素的底片,并修整版面,以弥补缺陷,改善色调还原以及对局部图像进行加工的工艺。

04.300 撕膜片 peel-coat film

一种涂有阻光层或感光层,在刻划或感光后可以剥离的特殊胶片。

04.301 正像 right-reading

与实物左右方向相一致的图像。

04.302 反像 wrong-reading, mirror reverse

与实物左右方向相反的图像。

04.303 阳像 positive image

在黑白和彩色复制中,色调和灰度与被复制对象相一致的图像。

04.304 阴像 negative image

在黑白和彩色复制中,色调和灰调与被复制对象相反的图像。

04.305 彩色校样 color proof

依照原稿及设计要求预先印刷的彩色样图,以供审批、修改或作为色标使用。

04.306 打样 proofing

在正式印刷前,预先复制样图的过程。

04.307 规矩线 register mark

设置在图版或印刷版边缘的交线(如十字线、丁字线和角线等),系校版和检查套准的依据。

04.308 销钉定位法 stud registration

在制图与印刷过程中,通过在片基上打孔进行套版校对或套印的方法。

04.309 彩色线划校样 dye line proof

在正式印刷前,将各彩色线划要素试印出样品,以便检查错漏。

04.310 测控条 control strip

由网点、实地、线条等测标组成的胶片条,用以判断和控制拷贝、晒版、打样和印刷时的信息转移。

04.311 丝网印刷 silk-screen printing

印版呈网状、版面形成通孔和不通孔两部分,印刷时油墨在刮墨版的挤压下从版面通孔部分漏印在承印物上。

04.312 叠加 overlay

使预先生成并存储的图形、属性特征等被调用并叠合在一个基本图形的过程或方法。

04.313 叠印 overprint

色与色依次套印的多色印刷方法。

04.314 扩散转印 diffusion transfer

原稿直接拍到一种用胶印感光材料制成的纸基或涤纶片基等印版上形成反转图像,从而制成轻便的胶印版。

04.315 重氮复印 diazo copying

利用芳香族重氮化合物(重氮盐或重氮树脂)的感光性复制成品的方法。

04.316 静电复印 xerography

利用光敏半导体的光导特性和静电作用复制成品的方法。

04.317 蓝底图 blue key

用铁盐感光材料晒制的用于绘图的蓝图。

04.318 分色 color separation

将彩色原稿分解成各单色版的过程。

04.319 分色参考图 color separated script

在蓝色线划地图上标明各要素设色差别,供分色修版使用的参考图。

04.320 彩色样图 color manuscript

在印刷原图复制的底图上印出或手工着色,体现彩色整体效果的标准样图。

04.321 预打样图 pre-press proof

根据预打样工艺制作的,用于检查错漏、检验彩色效果的样图。

04.322 地图色谱 map color index

用标准青、品红、黄、黑四色油墨按不同网点百分比叠印的或由专色油墨按不同网点百分比叠印的供地图设计和印刷选用的各种色彩块的汇集。

04.323 地图色标 color chart, map color standard

用实地和网目调色块表示的基本色及其混合色的标准,供地图印刷使用的色彩标准。

04.324 芒塞尔色系 Munsell color system

以色光三原色波长范围为坐标形成的坐标空间。在该空间中,每一点的坐标确定一定波长的色光。

04.325 彩色复制 color reproduction

再现彩色原稿的技术。

04.326 饱和度 saturation
指物体颜色的包含量或纯度。

04.327 色相 hue
色彩所呈现的质的面貌,是色彩彼此之间相互区别的标志。

04.328 色环 color wheel
显露色光三原色(或色料三原色)混合生成新色光(或新颜色)的圆形图。

04.329 色调 tone
色与色之间的整体关系构成的颜色阶调。

04.330 深色调 shade
图面上颜色呈黑色或阴暗的色调。

04.331 浅色调 tint
图面上颜色呈白色或明亮的色调。

04.332 中性色调 middle tone
又称"灰色调"。图面上颜色介于深色调与浅色调之间的色调。

04.333 亮度 lightness
指色彩本身因为光度不同而产生的明暗差别。

04.334 等值灰度尺 equal value gray scale
阶调由白到黑或从明至暗以一定密度差逐级排列的灰度梯尺。

04.335 半色调 halftone
用网点大小表现图像色调的浓淡。

04.336 连续调 continuous tone
色调值呈连续渐变的画面阶调。

04.337 网屏 screen
把连续调图像分解成可印刷复制的像素(网点或网穴)的加网工具。

04.338 接触网屏 contact screen
加网时与感光材料密合接触的胶片网屏。

04.339 网点 stipple, dots
网屏切割光线后在感光片上形成的点子。通过点的大小,稀密表现图形浓淡色调的层次。

04.340 网线 ruling
网屏切割光线后,在感光片上形成的线。通过网线的粗细,稀密表现图形浓淡色调的层次。

04.341 交叉网线 cross-ruling
交叉角度大于22.5°的网线。

04.342 蒙片 mask
照相制版中用以修正画面色调和遮盖某些局部图形的模片。

04.343 网纹片 transparent foil
专门设计的具有各种花纹图形的胶片。

04.344 透明注记 stick-up lettering
制作在透明材料上的文字。

04.345 抽象符号 abstract symbol
图形构成与所指制图对象的形状无联系的符号。

04.346 象形符号 replicative symbol
图形构成可使读者联想到制图对象的形状特征的符号。

04.347 预制符号 preprinted symbol
在可剪贴用的材料上预先晒印的符号。

04.348 制图专家系统 cartographic expert system
利用计算机人工智能技术,地图制图专家的知识和经验形式化,输入计算机,以辅助地图设计与制作的软件系统。

04.349 地图信息系统 cartographic information system, CIS
以研究地图信息的获取、传递、转换、储存和分析利用等为主要目标的信息系统。

04.350 地图集信息系统 atlas information system

地图集设计与编制过程中所建立的地图集数据库及其信息系统。是实现地图集计算机制图,完成电子地图集以及今后地图集更新再版的基础。

04.351 色彩管理系统 color management system

地图的彩色设计、色彩配置和印前分色准备的软件系统。

04.352 电子出版系统 electronic publishing system

用电子方法处理文字、图形、图像信息,并予以出版的综合系统。

04.353 标准地名 standard geographic name

符合国家地名标准化规定,经本国官方审定发布的地名。

04.354 超图数据结构 hypergraph data structure

以类别、目标、属性和联接等四种抽象数据类型作为最基本的框架,来描述、表示事物实体的一体化的数据结构。

04.355 城市地理信息系统 urban geographic information system, UGIS

利用地理信息系统原理方法与技术,实现对城市空间、非空间数据的输入、存储、查询、检索、处理、分析、显示、更新和提供应用的信息系统。

04.356 地理空间数据 geospatial data

研究地球表面自然、人文要素的特点及空间分布特征的数据。

04.357 地理要素 geographic feature

与地球位置相关的现实世界的现象表达。

04.358 地图规范 map specification

地图设计、编绘和复制过程中的规范性技术文件。

04.359 地形分析 terrain analysis

基于数字高程模型的各种分析和计算,主要包括坡度、坡向、高程、距离、面积、体积等的计算,以及通视、可视域、剖面等的分析。

04.360 地学信息图谱 geo-information tupu

经过抽象概括与综合集成,并以计算机多维符号与动态可视化技术,显示地球系统及各要素和现象空间形态结构与时空变化规律的一种空间图形谱系。

04.361 分布式地理信息系统 distributed geographic information system

在网络环境下,遵循一定的开放原则,用户可以从任意服务器请求地理信息服务的地理信息系统。

04.362 覆盖 coverage

在空间域、时间域或时空域中,作为任意坐标位置的函数,从其值域中返回数值的要素。

04.363 覆盖几何 coverage geometry

用坐标描述的数据覆盖的域结构。

04.364 缓冲区 buffer

包含距一个指定的几何对象的距离都小于或等于一个给定值的所有坐标位置的几何对象。

04.365 缓冲区分析 buffer analysis

在点、线、面地理实体的周围建立一定距离的区域,并提取区域内信息的分析方法。

04.366 集成式数字制图系统 integrated digital map product system

将地图设计、编绘、制版过程集成一体,直接输出供印刷制版用的分色胶片或直接制版的一体化系统。

04.367 开放式地理信息系统 open geo-

graphic information system, open GIS
在网络环境下,根据可互操作的标准和接口所建立的地理信息系统。

04.368 空间对象 spatial object
表达要素空间特征的对象。

04.369 空间分析 spatial analysis
基于地理对象的位置和形态特征的空间数据分析理论和方法。其目的在于利用各种空间分析模型和空间操作对空间数据进行深加工,进而产生新的知识。

04.370 空间数据仓库 spatial data warehouse
支持决策过程,面向主题的、集成的、稳定的、不同时间的空间数据集合关联分析工具的集合。

04.371 空间数据挖掘 spatial data mining
从空间数据集中识别或提取出有效的、新颖的、潜能有用的、最终可理解的模式的过程,或从空间数据仓库中发现知识。

04.372 空间数据质量控制 quality control for spatial data
保证空间数据产品满足一定使用要求的过程。主要包括数据源质量、位置精度、属性精度、、数据现势性要素完备性和属性完备性、数据逻辑一致性等的控制。

04.373 空间信息网格 spatial information grid, SIG
指在网格技术支持下,在信息网格上运行的天、地一体化的地理空间数据获取、信息处理、知识发现和智能信息服务的整体集成的空间信息共享和协同解决问题的环境。

04.374 空间信息系统 spatial information system, SIS
解决与地球空间信息有关的数据获取、存储、传输、管理、分析与应用等问题的信息系统。

04.375 离散覆盖 discrete coverage
在数据覆盖域中,任何一个空间对象、时间对象或时空对象的任意坐标位置都返回相同要素属性值。

04.376 连续覆盖 continuous coverage
在数据覆盖域中,单独的空间对象、时间对象或时空对象的任意坐标位置都返回不同值的覆盖。

04.377 嵌入式地理信息系统 embedded geographic information system
嵌入到执行专用功能并被内部计算机控制的设备或系统中的地理信息系统。广泛应用于基于位置的服务(LBS)、车载导航、移动信息终端等嵌入式系统中。

04.378 时空数据模型 spatio-temporal data model
表示、组织、管理、操作随对间变化的空间数据的数据模型。用于重建历史状态、跟踪变化、预测未来。

04.379 矢量数据结构 vector data structure
通过坐标值表示点、线、面等地理实体的数据组织形式。

04.380 矢量地图数据库 vector map database
以矢量方式存储在计算机中的各种地图数据及相应数据管理和系统的集合。

04.381 数据层级 data level
含有描述特定实例数据的层次。

04.382 数据产品说明 data product specification
数据集或数据集系列的详细描述,使其他方能够创建、提供和使用数据集或数据集系列。

04.383 数字矢量地图 digital line graph, DLG

又称“数字线划地图”。以矢量方式表示并以矢量数据结构存储的数字地图。

04.384 数字栅格地图 digital raster graph, DRG

以栅格数据表示并以栅格数据结构存储的数字地图。

04.385 拓扑单形 topological primitive

表示单一的、不可再分的元素拓扑对象。

04.386 拓扑对象 topological object

表达在连续转换中,空间特征保持不变的空间对象。

04.387 拓扑数据结构 topological data structure

具有对点、线、面之间的拓扑关系进行明确定义和描述的矢量数据结构。

04.388 网格地理信息系统 grid geographic information system, grid GIS

网格技术支持下实现真正意义上的跨平台、互操作、资源共享和协同解决问题的地理信息系统。

04.389 网络地理信息系统 web geographic information system, web GIS

利用因特网技术实现异地、异部门、异构数据库的运程互操作与互运算的地理信息系统。

04.390 网络地图 web maps

因特网环境下传播的基于分布式数据库的数字地图的开放式电子地图。

04.391 网络模型 network model

一种某一数据记录可与任意其他多个数据记录建立联系的有向图结构的数据模型。

04.392 线性参照系 linear reference system

从参照点开始沿路径量测距离的定位参照系。

04.393 栅格地图数据库 raster map database

以栅格方式存储在计算机中的各种栅格地图数据文件及相应数据管理和应用软件的集合。

04.394 非坐标位置 indirect position

不是用坐标描述的位置。

04.395 地形图图式 specification for topographic map symbols

对地图上地物、地貌符号的样式、规格、颜色、使用以及地图注记和图廓整饰等所作的统一规定。

04.396 经纬[线]网 fictitious graticule

将地球椭球面上的经线与纬线按一定的数学方法描绘到平面上构成的有一定变形规律的格网。

04.397 国家基础地理信息系统 national fundamental geographic information system

在计算机软硬件支持下,把各种地理信息按照空间分布及其属性,以一定格式输入,并进行处理、管理、空间分析、输出的技术系统。是测绘行业的专业信息系统。

05. 工 程 测 量

05.001 工程测量学 engineering surveying

研究城市与工程建设和资源开发与环境治理的规划,设计、施工、竣工、运营管理等各阶段以及设备安装、检测等的测绘理论与技术的学科。

05.002　测量学　surveying

研究地球表面局部地区内测绘工作的基本理论、技术、方法和应用的学科。

05.003　测量控制网　survey control network

对地面上按一定原则布设的相互联系的一系列固定点所构成的网,并按一定技术标准测量网点的坐标。

05.004　平面控制网　plane control network

由一系列平面控制点所构成的测量控制网。

05.005　高程控制网　vertical control network

由一系列高程控制点所构成的测量控制网。

05.006　控制点　control point

以一定精度测定其位置为其他测绘工作提供依据的固定点。

05.007　平面控制点　plane control point

具有平面坐标值的控制点。

05.008　高程控制点　vertical control point

具有高程值的控制点。

05.009　平面坐标　horizontal coordinate

某一点在平面坐标系中的坐标分量,即纵坐标(X),横坐标(Y)。

05.010　控制测量　control survey

在一定区域内,为地形测图和各种工程测量建立控制网所进行的测量工作。

05.011　平面控制测量　plane control survey

测定控制点的平面坐标值所进行的测量。

05.012　高程测量　vertical survey

确定地面点高程的测量。主要有:水准测量、三角高程测量、气压高程测量及流体静力水准测量和 GPS 高程测量等。

05.013　地形测量　topographic survey

根据规范和图式,测量地貌、地物及其他地理要素,并记录在某种载体上的技术。

05.014　三边网　trilateration network

控制网中测量三角形边长的一种网。

05.015　边角网　triangulateration network

控制网中测量全部或部分边、角的一种网。

05.016　导线网　traverse network

由多条导线构成的控制网。

05.017　三边测量　trilateration

测量控制网中各条边边长,以确定网中各点平面位置的技术与方法。

05.018　边角测量　triangulateration

测量控制网中的边长和角度,以确定网中各点平面坐标的技术与方法。

05.019　导线测量　traverse survey

将一系列测点依相邻次序连成折线形式,并测定各折线边的边长和转折角,再根据起始数据推算各测点平面坐标的技术与方法。

05.020　水平角　horizontal angle

由一点到两个目标的两个方向线铅垂面所构成的夹角。

05.021　垂直角　vertical angle

测站点至观测目标的方向线与水平面间的夹角。

05.022　点之记　description of station

记载控制点点名、等级、点位略图及与周围固定地物的关系等情况的资料。

05.023　测站　station

测量时设置仪器的点位。

05.024　测站归心　reduction to station center

通过量算来消除由于仪器中心和标石中心不处在同一铅垂线上所引起的测量偏差的过程。

05.025　照准点　sighting point

仪器观测照准的目标点。

05.026 照准点归心 reduction to target center

通过量算来消除由于照准点和标石中心不处在同一铅垂线上所引起的测量偏差的过程。

05.027 闭合导线 closed traverse

起止于同一已知控制点的导线。

05.028 附合导线 connecting traverse

起止于两个已知控制点的导线。

05.029 支导线 open traverse

由已知控制点出发,不附合、不闭合于任何已知点的导线。

05.030 经纬仪导线 theodolite traverse

采用经纬仪测角,钢尺量距的导线。

05.031 视距导线 stadia traverse

用经纬仪的视距装置、配合相应的标尺测定边长与角度的一种导线。

05.032 平板仪导线 plane-table traverse

用平板仪视距法测定导线边长或以交会法在平板仪上确定点位,并组成附合于已知点的导线。

05.033 距离测量 distance measurement

量测两点之间长度的技术方法。

05.034 电磁波测距 electromagnetic distance measurement, EDM

以直接或间接方式测量电磁波在待测距离两端点间一次往返的传播时间来求得距离的测量方法。

05.035 光电测距导线 EDM traverse

以光电测距仪测边和经纬仪测角的导线。

05.036 线形锁 linear triangulation chain

两端各附合在一个高等级控制点上,由一系列相连的三角形构成的链形控制网。

05.037 线形网 linear triangulation network

附合在三个以上等级控制点的线形锁连接而构成的网。

05.038 图根控制 mapping control

为地形测图而建立的平面控制和高程控制。

05.039 导线点 traverse point

以导线测量方法测定的固定点。

05.040 导线边 traverse leg

相邻两导线点的连线。

05.041 导线折角 traverse angle

相邻两导线边构成的平面角。

05.042 导线结点 junction point of traverse

导线网中至少连接三条导线边的相交点。

05.043 导线曲折系数 meandering coefficient of traverse

衡量导线直伸程度的技术指标。

05.044 导线角度闭合差 angle closing error of traverse

导线测量的角度观测值总和与其理论值的差值。

05.045 导线全长闭合差 total closing error of traverse

由导线的起点推算至终点的位置与已知点位置之差。

05.046 导线相对闭合差 relative closing error of traverse

导线全长闭合差与导线全长的比值。

05.047 导线纵向误差 longitudinal error of traverse

导线的位移误差在导线起终点联线方向上的分量。

05.048 导线横向误差 lateral error of traverse

导线的位移误差在垂直于导线起终点联线

方向上的分量。

05.049 图根点 mapping control point
直接用于测绘地形图碎部的控制点。

05.050 高程点 elevation point
地形图上标注有高程数据的点。

05.051 碎部点 detail point
地形测图中的地形、地物点。

05.052 图解图根点 graphic mapping control point
在图板上用几何原理直接读数和画线的方法所确定的控制点。

05.053 解析图根点 analytic mapping control point
以已知点及所观测的角度、边长和垂直角或水准测量值解算坐标及高程的测图控制点。

05.054 坐标增量 increment of coordinate
两点平面直角坐标值之差值。

05.055 坐标增量闭合差 closing error in coordinate increment
根据推算路线求得的坐标增量总和与两端点已知坐标增量的差值。

05.056 前方交会 [forward] intersection
在两个已知点以上分别对待定点相互进行水平角观测,并根据已知点的坐标及观测角值计算出待定点坐标的方法。

05.057 侧方交会 side intersection
在一个已知点和一个待定点上分别对另一个已知点相互进行水平角观测,并根据已知点的坐标及观测角值计算出待定点坐标的方法。

05.058 后方交会 resection
在待定点上向至少三个已知点进行水平角观测,并根据三个已知点的坐标及两个水平角值计算待定点坐标的方法。

05.059 边角交会法 linear-angular intersection
加密控制点时,测定了一部分角与一部分边的交会方法。

05.060 边交会法 linear intersection
根据距离由两个以上已知点确定待定点的方法。

05.061 复测法 repetition method
观测一个水平角的 n 倍角,并取其中数,求得该角值的方法。

05.062 高程控制测量 vertical control survey
测定控制点高程值的技术方法。

05.063 水准测量 leveling
用水准仪和水准尺测定地面两点间高差的技术方法。

05.064 附合水准路线 connecting leveling line
起止于两已知高级水准点间的水准路线。

05.065 闭合水准路线 closed leveling line
起止于同一已知水准点的环形水准路线。

05.066 支水准路线 open leveling line
从一已知高级水准点出发,终点不附合于另一已知高级水准点的水准路线。

05.067 视线高程 elevation of sight
观测站的高程与仪器高度之和,即仪器视准轴中心的高程。

05.068 高程导线 height traverse
在已知高程控制点间,用水准测量或三角高程测量方法测定点位高程的导线。

05.069 三角高程导线 polygonal height traverse
以导线的方式,用三角高程的测量方法测定控制点高程的导线。

05.070 独立交会高程点 elevation point by

independent intersection
以多个已知高程点起算，用三角高程的测量方法独立测定高程的点。

05.071 交会高程测量 vertical survey by intersection
根据多个已知高程点，用交会法和三角高程测量来测定待定点高程的测量方法。

05.072 视距测量 stadia survey
利用光学测量仪器内的分划装置和目标点上的标尺测定距离的测量方法。

05.073 严密平差 rigorous adjustment
按照最小二乘法原理处理各种观测数据，求得待定量最大似然值及其精度的运算过程和方法。

05.074 近似平差 approximate adjustment
未严格按最小二乘法的要求对观测数据进行平差的方法。

05.075 典型图形平差 adjustment of typical figures
对高级控制点间按一定的典型几何图形测设值所进行的平差计算。

05.076 等权代替法 method of equalweight substitution
把从多个结点出发的对同一结点的各条路线，化归为一条虚拟的等权路线，按加权平均求得最后一个结点的最大似然值，再求出其他各结点的最大似然值的方法。

05.077 多边形平差法 adjustment by the method of polygon
按条件平差的原理逐步分配多边形闭合差的方法。

05.078 结点平差 adjustment by the method of junction point
按加权平均值的原理计算结点最大似然值的一种平差方法。

05.079 工程控制网 engineering control network
为工程建设布设的专用测量控制网。

05.080 施工控制网 construction control network
为工程建设施工而布设的测量控制网。

05.081 三维网 three dimensional network
同时测定每一个顶点三个坐标参数和两个垂线方向参数的控制网。

05.082 变形监测控制网 control network for deformation monitoring
为监测建筑物、构筑物和地表的位移及沉降等变形而建立的控制网。

05.083 勘测设计阶段测量 survey for reconnaissance and design
为各种工程的勘测设计提供测绘资料所进行的测量。

05.084 施工测量 construction survey
为使工程建设按设计要求施工所进行的测量。

05.085 竣工测量 acceptance survey
建设工程项目竣工验收时所进行的测量工作。

05.086 纵断面测量 profile survey
对线路纵向地面起伏形态的测量。

05.087 横断面测量 cross-section survey
对中桩处垂直于线路中线方向地面起伏形态的测量。

05.088 纵断面图 profile diagram, profile
表示线路纵向地面起伏的剖面图。

05.089 横断面图 cross-section profile
表示中桩处垂直于线路中线方向的地面起伏的剖面图。

05.090 碎部测量 detail survey

对地貌、地物等特征点进行测定，并对照实地以相应的符号予以表示。

05.091 平板仪测量 plane-table survey

使用平板仪测绘地形图的技术方法。

05.092 经纬仪测绘法 mapping method with transit

采用经纬仪测角和视距，在图板上用量角器展点以测绘地形图的技术方法。

05.093 大比例尺测图 large scale topographic mapping

工程测量中，比例尺大于1∶2 000的地形测图。

05.094 大比例尺数字测图 large scale digital topographic mapping

利用数字测绘技术测绘比例尺不小于1∶2 000的地形图。

05.095 直角坐标网 rectangular grid

地图上用来确定点位的按一定间隔绘制的正方形格网。

05.096 矩形分幅 rectangular mapsheet

在工程测量中，按40cm×50cm分幅的地形图图幅。

05.097 正方形分幅 square mapsheet

在工程测量中，按50cm×50cm分幅的地形图图幅。

05.098 地形底图 base map of topography

在实测原图基础上，经加工整饰形成的透明纸图或聚酯薄膜图。

05.099 任意轴子午线 arbitrary central meridian

被选为测区投影的中央子午线。

05.100 独立坐标系 independent coordinate system

相对独立于国家坐标系外的局部平面直角坐标系。

05.101 假定坐标系 assumed coordinate system

假定一个控制点的坐标和一个边方向作为起算参数的一种平面直角坐标系。

05.102 变形观测 deformation observation

对建筑物、构筑物和地表相对位置变化所进行的测量。

05.103 位移观测 displacement observation

对被观测物体的平面位置变化所进行的测量。

05.104 裂缝观测 fissure observation

对被观测物体裂缝进行的测量。

05.105 沉降观测 settlement observation

对被观测物体的高程变化所进行的测量。

05.106 挠度观测 deflection observation

对被观测物体的扭曲或弯曲所进行的测量。

05.107 倾斜观测 oblique observation, tilt observation

对建筑物、构筑物中心线或其墙、柱等，在不同高度的点相对于底部基准点的偏离值所进行的测量。

05.108 地质测量 geological survey

为编制地质图件和矿产资源勘察所进行的测绘。

05.109 勘探网测设 prospecting network layout

按设计要求和勘探工作进度将控制网布设于实地的测量。

05.110 勘探线测量 prospecting line survey

按勘探工作要求，将勘探基线和各勘探线布设于实地而进行的测量。

05.111 勘探基线 prospecting baseline

在勘探工作中，根据矿体和地形状况在实地

选定某一基点及其至某一方向的线段。

05.112 地质点测量 geological point survey
对实地标定的露头、构造、岩体和矿体界限、水文、重砂等地质参数位置的测量。

05.113 近井点 control point near shaft
为进行矿山工业场地施工测量和联系测量，在井口附近设立的控制点。

05.114 钻孔位置测量 bore-hole position survey
在钻探工程中按设计要求将钻孔位置测设于实地，在钻探过程中检查和恢复孔位，以及钻探结束后测定孔位中心的平面坐标和高程的测量。

05.115 地质剖面测量 geological profile survey
为揭示一定深度内的地质构造或矿体情况，按地质勘探要求沿勘探线或某一方向的实际切面所进行的测量。

05.116 区域地质调查 regional geological survey
在较大地区范围内为资源普查及勘探所进行的地质、地形、地貌调查。

05.117 井探工程测量 shaft prospecting engineering survey
在对立井、斜井深部掘进探矿工程中所进行的测量。

05.118 坑探工程测量 adit prospecting engineering survey
在勘探坑道的设计、施工以及坑内探矿工程中所进行的测量。

05.119 勘探线剖面图 prospecting line profile map
表示勘探线剖面上的地质现象及其相互关系的图件。

05.120 坑道平面图 adit plane
反映坑道形态及其构筑物和设施的平面图件。

05.121 地质剖面图 geological section map
按一定比例尺，表示地质剖面上地质现象及其相互关系的图件。

05.122 矿产图 map of mineral deposits
用规定的图例符号，在地质图上反映出各种矿产的产状、特性、生成时代、地质异常数及其相互关系的图件。

05.123 地质略图 geological scheme
由内容比较详细的地质图，经过综合取舍而编制的相同比例尺或较小比例尺的地质图件。

05.124 野外地质图 field geological map
在野外地质填图阶段，根据实地观察与研究所测绘的一种原始地质图件。

05.125 影像地质图 geological photomap
根据航空像片及其他遥感资料编制的一种地质图件。

05.126 像片地质判读 geological interpretation of photograph
又称“像片地质解译”。是根据像片的各种影像特征来辨认、分析地质体和地质现象的过程。

05.127 区域地质图 regional geological map
根据较大范围内的地质、地形、地貌调查资料编制而成的图件。

05.128 输电线路测量 power transmission line survey
对输电线路的勘察、设计、施工、竣工等阶段所进行的测量。

05.129 输油管道测量 petroleum pipeline survey
为输油管道及其附属设施的勘测设计、施工、竣工及运营管理所进行的测量。

05.130 地下油库测量 underground oil depot survey

为地下的油库建设所进行的勘测设计、施工、竣工及运营管理所进行的测量。

05.131 石油勘探测量 petroleum exploration survey

为寻找、评价和开发石油资源所进行的测量。

05.132 矿山测量学 mine surveying

研究矿山勘探、设计、开发建设及运营等阶段的测量科学。

05.133 矿区控制测量 control survey of mining area

在矿区地面建立平面控制网和高程控制网的测量。

05.134 联系测量 connection surveying

将地面坐标系统传递到地下,建立地下统一坐标系统所进行的测量工作。包括平面联系测量(简称定向)和高程联系测量(简称导入高程)。

05.135 立井定向测量 shaft orientation survey

通过立井将地面的平面坐标和方向传递到井下的测量。

05.136 几何定向 geometric orientation

采用在立井内悬挂垂线方法所进行的定向测量,包括一井定向和两井定向。

05.137 定向连接点 connection point for orientation, connection point

立井联系测量时,与投点垂线进行连接测量的测站点。

05.138 激光投点 laser plumbing

用激光铅垂仪将地面测点坐标通过立井传递至井下定向水平的测量。

05.139 重锤投点 damping-bob for shaft plumbing

用重锤线将地面测点坐标通过立井传递至井下定向水平的测量。

05.140 定向连接测量 orientation connection survey

为了在地面上确定重锤线的坐标和由重锤线坐标确定井下测量基点的坐标所进行的平面测量工作。

05.141 瞄直法 sighting line method

在一个立井中悬挂两条重锤线,并将定向连接点设置在两条重锤线的延长线上的定向连接测量方法。

05.142 联系三角形法 connection triangle method

以连接点和井筒内两垂线构成三角形进行一井定向的连接测量方法。

05.143 陀螺仪定向测量 gyrostatic orientation survey

用陀螺经纬仪确定井下起始边方位角的测量。

05.144 逆转点法 turning point method

用陀螺经纬仪跟踪观测指标线到达东西逆转点时度盘上的读数,确定陀螺子午线方向的一种定向方法。

05.145 陀螺方位角 gyro azimuth

从陀螺经纬仪子午线北端起顺时针至某方向线的水平夹角。

05.146 导入高程测量 induction height survey

为确定井下水准基点的高程,将地面高程点传递到井下所进行的测量。

05.147 立井导入高程测量 induction height survey through shaft

通过立井将地面控制点的高程传递到井下定向水平的水准基点的测量。

05.148 井下测量 underground survey

又称“矿井测量”。为指导和监督矿产资源开发,在矿井特殊条件下所进行测量工作的总称。

05.149 陀螺定向光电测距导线 gyrophic EDM traverse

在光电测距导线中用陀螺经纬仪加测一部分导线边方位角的导线。

05.150 方向附合导线 direction-connecting traverse

无已知坐标附合,仅有已知方向进行附合的一种井下测量的导线。

05.151 顶板测点 roof station

设置在巷道顶板或巷道永久支护上部的测点。

05.152 底板测点 floor station

设置在巷道底板上的测点。

05.153 点下对中 centring under point

在顶板测点下进行的经纬仪对中。

05.154 采区测量 survey in mining panel

为采区巷道掘进施工与采场作业所进行的测量工作。

05.155 采区联系测量 connection survey in mining panel

通过竖直和倾斜巷道把方向、坐标和高程引测到采区内所进行的测量工作。

05.156 采场测量 stope survey

为及时反映采场空间变化所进行的测量工作。

05.157 建井测量 shaft construction survey

在矿井施工建设和设备安装过程中所进行的控制测量、连续测量、施工放样、检查测量、图纸编绘的测量工作。

05.158 井下空硐测量 underground cavity survey

在采区范围内,对天然或人工形成的各种形状、大小的空硐或硐室所进行的测量。

05.159 露天矿测量 opencast survey

在露天矿的设计、建设和生产过程中所进行的测量工作。

05.160 复垦测量 reclamation survey

在土地复垦工程的规划设计、施工、竣工验收及复垦土地后期利用过程所进行的测量工作。

05.161 井筒十字中线标定 setting-out of cross line through shaft center

按设计位置及方向将井筒十字中线标设于现场的技术方法。

05.162 凿井施工测量 construction survey for shaft sinking

为保证立井垂直度和断面按设计要求施工所进行的测量。

05.163 立井激光指向[法] laser guide of vertical shaft

用激光指向仪标定立井垂直凿进方向的方法。

05.164 激光指向仪给向 driving direction guided by laser

用激光指向仪指示巷道掘砌工作的方向和坡度。

05.165 巷道验收测量 footage measurement of workings

丈量巷道进度,检查巷道规格、质量所进行的测量工作。

05.166 贯通测量 holing through survey, breakthrough survey

为保证巷道或立井的多个对向或同向掘进工作面能按预定的设计要求掘通而进行的测量工作。

05.167　矿体几何[学]　mineral deposit geometry

利用图像模型和数学模型研究和分析矿体形状和特性的空间分布及其变化的学科。

05.168　矿体几何制图　geometrisation of ore body

分析矿体形态和结构,研究矿产特性变化规律所进行的制图工作。

05.169　开采沉陷观测　mining subsidence observation

对地下采矿引起岩层移动和地表沉陷所进行的测量。

05.170　地表移动观测站　observation station of surface movement

为观测地表移动、变形和破坏规律而设置的测站。

05.171　边坡稳定性观测　observation of slope stability

为测定各种工程和自然边坡稳定性所进行的测量。

05.172　矿山测量图　mine map

在矿山设计、施工和生产过程中,反映地面、地下采掘工程以及地质和地形、地物信息的各种图件。

05.173　井田区域地形图　topographic map of mining area

反映井田范围内地貌及地物等地理要素的图件。

05.174　矿场平面图　mining yard plan

反映矿场内生产系统和生活设施以及地貌的综合性图件。

05.175　井底车场平面图　shaft bottom plan

反映井底车场巷道和硐室的位置以及运输和排水系统的综合性图件。

05.176　采掘工程平面图　mining engineering plan

反映开采矿层或开采分层内采掘工程、地质信息的综合性图件。

05.177　井上下对照图　surface-underground contrast plan

反映矿山地面的地物、地貌和井下采掘工程之间空间位置对应关系的综合性图件。

05.178　露天矿矿图　opencast mining plan

反映露天采场的境界位置及现状范围,各台阶边坡位置及范围,各类探、采工程位置及矿体地质构造的综合性图件。

05.179　采剥工程断面图　striping and mining engineering profile

为反映剥离与回采工作,计算矿产储量、采剥量,检查梯段的技术规格而测绘的采场断面图件。

05.180　采剥工程综合平面图　synthetic plan of striping and mining

反映露天矿回采与剥离工程的平面图件。

05.181　矿山测量交换图　exchanging document of mining survey

为反映生产情况而提供的矿山生产、通风、排水以及运输等图件。

05.182　开采沉陷图　map of mining subsidence

以等值线形式表示因矿山开采引起地表沉陷状况的图件。

05.183　城市测量　urban survey

为城市规划、设计、施工、管理等所进行的测量工作。

05.184　城市控制测量　urban control survey

建立城市的平面控制网与高程控制网所进行的测量工作。

05.185　城市地形测量　urban topographic survey

为城市规划、建设和管理所进行的各种比例尺地形图的测绘工作。

05.186 市政工程测量 public engineering survey

为市政工程建设的规划设计、施工放样及竣工等所进行的测量工作。

05.187 建筑工程测量 building engineering survey

为城市建筑工程建筑物、构筑物的设计、施工、设备安装、竣工验收等所进行的测量工作。

05.188 放样测量 setting-out survey

将设计的建筑物、构筑物的形状、大小、位置和高程标定于实地的测量。

05.189 定线测量 alignment survey

把线路工程设计的中(轴)线测设于实地的测量。

05.190 管道测量 pipe survey

为各种管道工程建设的勘测设计、施工、竣工验收、维修及管理所进行的测量工作。

05.191 地下铁道测量 subway survey, underground railway survey

为地下铁道建设的勘测设计、施工、竣工验收、维修、养护及运营管理所进行的测量工作。

05.192 厂址测量 survey for site selection

为工厂选址所进行的测量工作。

05.193 工厂现状图测量 survey of present state at industrial site

为经营管理以及改扩建而进行的工厂现状图的测量工作。

05.194 机场测量 airport survey

为机场建设的勘测设计、施工、竣工及营运管理等所进行的测量工作。

05.195 机场跑道测量 airfield runway survey

为机场跑道的施工及竣工验收所进行的测量工作。

05.196 施工方格网 square control network

由正方形或矩形格网组成的施工平面控制网。

05.197 主轴线测设 setting-out of main axis

把设计的建筑物的轴线放样于实地的测量工作。

05.198 建筑红线测量 property line survey

测设建筑用地分界线(红线)的测量工作。

05.199 建筑轴线测量 building axis survey

测设建筑物轴线点在测量坐标系统中的位置。

05.200 建筑物沉降观测 building subsidence mornitoring

连续或周期性监测建筑物下沉的测量工作。

05.201 地下管线测量 underground pipeline survey

为各种地下管线及其附属设施新建、扩建、改建的勘测设计、施工、竣工、验收、养护及营运管理等所进行的测量工作。

05.202 城市地形图 topographic map of urban area

为城市的规划、建设和管理等所测绘的表示城市地物、地貌等地理要素的地图。

05.203 带状平面图 zone plan

表示道路及线型工程的中心线与沿线两侧地物、地貌平面位置的图件。

05.204 管道综合图 synthesis chart of pipelines

表示一个地区和线路所有地下管线的位置、相对关系、高程及其与主要建筑物、构筑物相互关系的图件。

05.205 地形图更新 revision of topographic map

为提高地形图的现势性,确保其使用价值,对原地形图所进行的修测或重测。

05.206 城市测量数据库 database for urban survey

利用计算机存储城市测量各种数据及数据管理软件的集合。

05.207 城市基础地理信息系统 urban foundational geographic information system, UFGIS

对城市基础测绘信息按其空间分布及属性,以一定的格式输入、存储、检索、分析管理、输出的城市地理信息系统。

05.208 水利工程测量 hydro-engineering survey

在水利工程的规划、勘察、设计、施工、运营管理各阶段中所进行的测量工作。

05.209 引张线法 method of tension wire alignment

在两固定点间以重锤和滑轮拉紧的丝线作为基准线,定期测量观测点到基准线间的距离,以求定观测点水平位移量的技术方法。

05.210 视准线法 collimation line method

在两固定点间设置经纬仪的视线作为基准线,定期测量观测点到基准线间的距离,求定观测点水平位移量的技术方法。

05.211 激光准直法 method of laser alignment

以激光束作为基准线,在被测点上设置激光束的接收装置,求得准直点偏离值的一种测量方法。

05.212 小角度法 minor angle method

在测站上测量位移间的夹角及距离,以求得位移量大小的一种测量方法。

05.213 正锤[线]观测 direct plummet observation

简称“正锤法”。在固定点下以金属丝悬挂重锤作为竖向基准线,定期测量建筑物、构筑物不同高度处的观测点与基准线的距离,求定观测点位移量的一种水平位移测量方法。

05.214 倒锤[线]观测 inverse plummet observation

简称“倒锤法”。下端固定在变形体下的基岩内,上端连接在油箱内的自由浮体上,拉紧的金属丝作为竖向基准线,定期测量建筑物、构筑物不同高度处的观测点与基准线间的距离,求定观测点水平位移量的一种观测方法。

05.215 水库测量 reservoir survey

在水库的勘测设计、施工、运营管理等阶段中所进行的测量工作。

05.216 坝址勘查 dam site investigation

为查明拟规划、设计区域内的岩层种类与性质,研究地下水的现状和运动情况,对选址所进行的地形测图、纵横断面图等测量工作。

05.217 堤坝施工测量 dam construction survey

对堤坝的施工放样、设备安装及变形监测等所进行的测量工作。

05.218 库容测量 reservoir storage survey

对水库容水量的测定。

05.219 水库淹没线测设 setting out of reservoir flooded line

对一系列淹没线的桩点所进行的测绘工作。

05.220 汇水面积测量 catchment area survey

在水库修建或道路的桥、涵工程建设中,标定出河流与地面汇集雨水面积大小的测量工作。

05.221 港口工程测量 harbor engineering survey

在港口工程的规划、勘察、设计、施工与营运等阶段中所进行的测量工作。

05.222 水系图 drainage map

表示海岸、滩涂、江河、湖泊、水库、水塘、沟渠等自然和人工水体位置、大小形状、流向等水系要素及水工建筑设施的综合性图件。

05.223 公路工程测量 road engineering survey

为公路工程建设的勘测设计、施工、养护、运营管理等所进行的测量工作。

05.224 线路平面图 route plan

表示线路中线及沿线两侧一定范围内的地物、地貌等地理要素的图件。

05.225 曲线测设 curve setting-out

又称“曲线放样”。把设计曲线(例如铁路公路曲线)标定在实地上的测量工作。

05.226 中线桩 center line stake

用以标记线路中线位置的木桩、竹签或钢签等。

05.227 平面曲线测设 plane curve location

把设计的平面曲线标设于实地的测量工作。

05.228 竖曲线测设 vertical curve location

把设计的道路纵坡变换处的竖向曲线放于实地的测量工作。

05.229 圆曲线测设 circular curve location

把设计的圆曲线放于实地的测量工作。

05.230 缓和曲线测设 spiral curve location, transition curve location

把设计的连接直线与圆曲线、圆曲线与圆曲线之间设置的曲率半径连续变化的曲线放于实地的测量工作。

05.231 回头曲线测设 hair-pin curve location

把设计的回转形曲线放于实地的测量工作。

05.232 线路中线测量 center line survey, location of route

把设计线路的中线测设于实地的测量工作。

05.233 偏角法 method of deflection angle

在平面曲线的测设中,用偏角和弦长确定曲线上各点在实地位置的一种技术方法。

05.234 切线支距法 tangent off-set method

平面曲线的测设中以圆曲线的起终点为原点,以切线为 X 轴,以其垂线为 Y 轴,计算曲线上各点的坐标值 x、y,在实地测设曲线各点的一种方法。

05.235 弦线支距法 chord off-set method

在平曲线的测设中以圆曲线的弦为 X 轴,弦的垂线为 Y 轴,以每段的起点为原点,计算曲线上各点的坐标值 x、y,在实地测设曲线的一种方法。

05.236 面水准测量 area leveling

为场地的平整而进行的水准测量工作。

05.237 线路水准测量 route leveling

在线路工程建设中,采用水准仪测定线路水准点高程(基平)和中桩点高程(中平)的测量工作。

05.238 坡度测设 grade location

将线路设计坡度的变坡点标定于实地的测量工作。

05.239 既有线站场测量 survey of existing station yard

为既有铁路站场的改建、扩建及技术改造,而对既有站场的地形、建筑物、构筑物、设备、股道、道岔、信号系统等所进行的详细测绘。

05.240 桥梁测量 bridge survey

在桥梁勘测设计、施工和运营各阶段中所进行的测量工作。

05.241 隧道测量 tunnel survey
在隧道工程的勘测设计、施工、竣工验收及运营等阶段所进行的测量工作。

05.242 桥梁控制测量 bridge construction control survey
为桥梁建设而建立的控制网。

05.243 桥梁轴线测设 bridge axis location
把桥梁的设计轴线(中心线)标定于实地的测量工作。

05.244 桥墩定位 pier location
在桥梁施工时把设计桥梁的墩、台的中心位置标定于实地的测量工作。

05.245 林业测量 forest survey
为森林调查、管理现状及其评价等提供图件或数据资料的测量工作。

05.246 林业基本图 forest basic map
为林业各部门从事勘测、规划、设计及管理所提供的基础地形图件。

05.247 森林分布图 forest distribution map
表示林区内各种优势树种分布和森林类型的地图。

05.248 罗盘仪测量 compass survey
应用罗盘仪测定磁方位角、磁象限角或独立测区的近似起始方向所进行的测量。

05.249 磁倾角 magnetic inclination, magnetic dip
地球表面任一点的地磁场总强度矢量与水平面之间的夹角。

05.250 磁子午线 magnetic meridian
通过地球南北磁极所作的平面与地球表面的交线。

05.251 真子午线 true meridian
通过地面上一点及地球南北极的平面与地球表面的交线。

05.252 磁方位角 magnetic azimuth
从一个地面点的磁子午线北向开始顺时针量到目标方向之间的水平角。

05.253 磁象限角 magnetic bearing
根据磁子午线方向所确定的象限角,其角值由磁子午线的北端或南端起量至目标方向的锐角。

05.254 乡村规划测量 rural planning survey
为村镇建设、农田水利、道路运输和水土保持以及综合整治等规划工作所进行的测量。

05.255 平整土地测量 survey for land consolidation
为农田基本建设、建筑场地的土地平整所进行的测量。

05.256 土地规划测量 land planning survey
为土地规划设计及将规划内容标定于实地所进行的测量。

05.257 河道整治测量 river improvement survey
为河道进行综合性利用与开发对河床形状的纵、横断面和水下地形等所进行的测量。

05.258 灌区平面布置图 irrigation layout plan
绘有灌区交通道路、水渠、灌溉范围及反映土地利用现状和其他附属设施的图件。

05.259 地籍 cadastre
土地的位置、面积、质量、权属、利用现状等诸要素隶属关系的总称。

05.260 地籍调查 renewal of cadastre
对土地权属、土地利用现状、土地等级和房产情况等地籍要素所进行的调查。

05.261 地籍测量 cadastral survey

调查和测定地籍要素、编制地籍图、建立和管理地籍信息系统的技术。

05.262 地籍图 cadastral map
描述土地及其附着物的位置、权属、数量和质量的图件。

05.263 地籍册 cadastral list
用以记载权属界址点编号、坐标、土地编号、土地面积等数字的表册。

05.264 地籍簿 land register
以表册形式表示的地籍要素的文件。

05.265 地籍管理 cadastral management
获得地籍信息,科学管理土地,而采取的以土地调查(含测量)、土地分等定级、估价、土地登记、土地统计、地籍档案为主要内容的综合措施。

05.266 多用途地籍 multi-purpose cadastre
具有适当精度、现势性强,可为国民经济各部门提供多用途服务的一种地籍资料。

05.267 数值地籍 numerical cadastre
采用解析的方法求定界址点坐标数据以满足权属需要的地籍。

05.268 坐标地籍 coordinate cadastre
通过测定界址点的坐标来满足权属管理需要的地籍。

05.269 房地产地籍 real estate cadastre
房屋及其他构筑物的产权归属和使用权认定的地籍。

05.270 地籍修测 cadastral revision
对土地及其权属变化所进行的调查、更正和修补的测量工作。

05.271 地籍更新 renewal of the cadastre
为保证地籍的现势性,对其内容及其权属关系而进行的更新测量。

05.272 土地利用现状图 present landuse map
反映土地开发、整治和保护现状的图件。

05.273 地界测量 land boundary survey
对行政区域和地块界线、界点、重要界标设施等所进行的测量。

05.274 地界 abuttals
区分土地权属的分界线。

05.275 地块 parcel of land, piece of ground
一个连续的区域,并具有相同类属性的最小的土地单元。

05.276 宗地测量 tract survey, parcel survey
为获取和绘制分幅图、宗地图,以及表达宗地位置、宗地面积、权属面积和土地分摊面积等地籍信息所进行的测绘工作。

05.277 地产界测量 property boundary survey
对土地和房屋权属界线等所进行的测量。

05.278 地类界图 land boundary map
表示土地利用现状的类型及自然地理、地貌空间分布的图件。

05.279 标界测量 survey for marking boundary
对土地使用权界线以及自然地形和人工地形界线所进行的测量工作。

05.280 地块测量 parcel survey
对土地利用分类或土地等级划分的地块所进行的测量工作。

05.281 界址点 boundary mark, boundary point
宗地权属界址线的转折点。

05.282 地籍信息 cadastral information
有关土地及其附属物的位置、面积、质量、权属、利用现状等的信息。

05.283 地籍信息系统 cadastral information

system

以地籍信息(包括土地权属、等级、用途等)为对象的管理信息系统。

05.284 土地登记 land registration

又称"土地权属登记"。是指依照法定程序将土地的权属关系、用途、面积、使用条件、等级、价值等情况记录于专门的簿册,以确定土地权属,保护权利人对土地的合法权益的法律制度。

05.285 土地划分 subdivision of land

又称"土地分宗"。出于建设用地或其他目的,从较大的地块划分成若干较小的地块。

05.286 土地统计 land statistics

利用数字、图表、文字资料及其他手段,对土地的数量、质量、分布、权属和利用状况及其动态变化所进行的汇总、整理和分析。

05.287 军事工程测量 military engineering survey

为军事工程的勘测设计、施工、竣工验收、变形观测、使用管理等所进行的测量工作。

05.288 净空区测量 clearance limit survey

按机场设计要求,在安全区域内对影响安全的障碍物位置所进行的测量。

05.289 导航台定位测量 navigation station positioning

按设计要求把导航面位置标定于实地,并测定其地理位置的测量。

05.290 导弹试验场工程测量 engineering survey of missile test site

为导弹试验场的勘测设计、施工、竣工、维护及形变等所进行的测量工作。

05.291 导弹定向测量 missile orientation survey

为确定发射基准边方位及标定射向所进行的测量工作。

05.292 靶道工程测量 target road engineering survey

为武器试验区靶道工程的勘测设计、施工、竣工、维护及变形观测等所进行的测量工作。

05.293 精密工程测量 precise engineering survey

采用非常规的测量仪器和方法,使其测量的绝对精度达到毫米级以上要求的测量工作。

05.294 精密工程控制网 precise engineering control network

为精密工程的建设和施工而布设的测量控制网。

05.295 精密测距 precise ranging

对两点间相对精度达到 1×10^{-6} 以上的长度测定。

05.296 精密准直 precise alignment

测定待测点相对于基准体偏离值精度达到毫米级或亚毫米级的一种平面准直测量方法。

05.297 精密垂准 precise plumbing

精确测定各观测点相对于铅垂线偏离值的一种垂直投影测量方法。

05.298 粒子加速器测量 particle accelerator survey

为高能物理实验设备的安装和定位所进行的高精度测量工作。

05.299 精密机械安装测量 precise mechanism installation survey

对于具有运动系统的机器、机械安装等所进行的高精度测量工作。

05.300 地震台精密测量 precise survey at seismic station

对地震台、站内各种地震仪器安装和运转所进行高精度测量工作。

05.301 安装测量 installation survey

将设备或部件安装到设计位置上的测量工作。

05.302 边坡桩测设 slope staking

在道路、河渠施工过程中,按设计断面线,在施工现场标定边坡上特征点(如坡顶、坡脚、马道等)的位置。

05.303 变形反演 deformation inversion

根据测定的变形量分析变形机理。

05.304 大坝变形观测 dam deformation observation

利用测量方法和各种传感器,连续或周期性测定大坝的水平位移、垂直位移、裂缝和应力等变形要素 。

05.305 地下工程测量 underground engineering survey

为地下工程建设在规划、设计、施工、竣工及运营管理各阶段所进行的测量工作。

05.306 动态监测 dynamic monitoring

对观测目标的变形姿态或位置等进行连续或同期性观测,并对观测数据进行处理。

05.307 断面测量 section survey

在线路、水渠、河道等工程中,测定某横断面上特征点的三维坐标,并绘制断面图。

05.308 工业测量 industrial survey

为工业设备安装、制造、产品质量检验以及仿真建模等进行精密三维空间定位和数据获取的测量工作。

05.309 规划测量 planning survey

为城乡或工程建设的规划设计和实施提供测绘技术保障和服务的测量工作。

05.310 激光准直 laser alignment

利用激光束、波带板或干涉测量方法,将点位安置在一条直线上,或测定点位偏离直线上的距离。

05.311 架空索道测量 aerial cableway survey

为架空索道建设工程的勘测、设计、施工、运营等阶段所进行的测量工作。

05.312 勘界 boundary survey

测定具有法律作用的地块或区域的边界。

05.313 三维激光扫描仪 three dimensional laser scanner

通过发射激光来扫描获取被测物体表面三维坐标和反射光强度的仪器,是一种无接触式主动测量系统。

05.314 铁路测量 railway survey

为铁路建设所进行的控制测量、定线测量、施工放样以及运营阶段等测量工作。

05.315 土地测量 land survey

为土地调查、整理、规划、利用和管理等需要进行的测量工作。

05.316 土地调查 land investigation

对土地的权属、利用类型、面积、质量和分布进行的调查。

05.317 土地利用图 land use map

表示土地利用规划和现状的图纸。

05.318 地形控制点 topographic control point

为地形测量而布设的国家等级以外的控制点。

06. 海洋测绘

06.001 海洋测量 marine survey
以海洋水体和海底为对象所进行的测量。

06.002 海洋大地测量 marine geodetic survey
为建立海洋范围的大地控制网,确定海洋重力场、平均海面及其变化所进行的测量。

06.003 海底控制网 submarine control network
在海区布设的海底控制点所构成的网。

06.004 海底控制点 submarine control point
为建立海洋大地测量控制网而设在海底的控制点。

06.005 岛陆联测 island-mainland connection survey
为统一岛屿与大陆的坐标系和高程起算面实施的测量。

06.006 海洋水准测量 marine leveling
为确定大陆沿岸和岛屿之间高差所进行的测量。

06.007 当地平均海面 local mean sea level
某一地点在一定时期内海面高度的平均值。

06.008 日平均海面 daily mean sea level
连续一天海面高度的平均值。

06.009 月平均海面 monthly mean sea level
连续一月海面高度的平均值。

06.010 年平均海面 annual mean sea level
连续一年海面高度的平均值。

06.011 多年平均海面 multi-year mean sea level
连续若干年海面高度的平均值。

06.012 平均海面归算 seasonal correction of mean sea level
将短期的平均海面改正至多年平均海面的技术。

06.013 海面地形 sea surface topography
平均海面相对于大地水准面的起伏。

06.014 海洋测量定位 marine positioning
海洋测量中测定点位的技术和方法。

06.015 光学[仪器]定位 optical instrument positioning
利用光学仪器测定点位的技术和方法。

06.016 卫星定位 satellite positioning
利用卫星测定点位的技术和方法。

06.017 无线电定位 radio positioning
利用无线电技术测定点位的技术和方法。

06.018 远程无线电导航 long-range radio navigation
岸台作用距离大于1500海里的海上导航技术。例如罗兰－C导航。

06.019 水声定位 acoustic positioning
利用水声技术测定点位的方法。

06.020 组合定位 integrated positioning
综合利用多种定位技术确定点位的方法。

06.021 圆－圆定位 range-range positioning
又称“距离－距离定位”。以测点至两个已知点的距离为半径,已知点为圆心,两圆相交确定点位的方法。

06.022 双曲线定位 hyperbolic positioning
又称"测距差定位"。利用无线电双曲线定位系统测得至主台和两副台的距离差形成的两条双曲线相交确定点位的方法。

06.023 极坐标定位 polar coordinate positioning
又称"距离方位定位"。测量至一已知目标的距离和方位,求得一条距离位置线(圆)和一条方位线的交点,以确定点位的方法。

06.024 差分[法]定位 differential positioning
将已知位置上的接收机测得的定位数据与已知值比较所得出的差值传送到用户接收机上用以提高定位精度的方法。

06.025 位置线 line of position, LOP
位置函数等值线在测点处的切线。

06.026 位置函数 position function
又称"坐标函数"。平面上点位运动轨迹以坐标表示的关系式。

06.027 位置线方程 equation of LOP
表述位置线的直线方程。

06.028 位置[线交]角 intersection angle of LOP
过定位点的两条位置线之间的夹角。

06.029 定位点间距 positioning interval
测线上两定位点间的距离。

06.030 等角定位格网 equiangular positioning grid
采用三(或四)个控制点,以每相邻两控制点间连线为弦,按等角间隔绘出的两簇圆弧所构成的定位格网。

06.031 辐射线格网 radial positioning grid
由岸上两控制点绘出的两簇方向或方位辐射线构成的定位格网。

06.032 双曲线格网 hyperbolic positioning grid
以双曲线定位系统岸台位置为焦点绘出的两簇双曲线所构成的定位格网。

06.033 等距圆弧格网 equilong circle arc grid
以测距定位系统两个岸台位置为圆心,按等距离间隔绘出的两簇圆弧所构成的定位格网。

06.034 等精度[曲线]图 equiaccuracy chart
在定位系统工作区内定位中误差相等的各点连线图。

06.035 岸台 base station
又称"固定台"。设在陆地上固定位置发射定位信号的台站。

06.036 船台 mobile station
又称"移动台"。设在船上进行动态定位的接收台。

06.037 基准台 track station
又称"差分台"。为提高卫星或无线电定位系统定位精度发送测量参数的差分量供用户接收机进行实时改正的岸台。

06.038 监测台 monitor station, check station
又称"检查台"。监测各基准台(或岸台)定位信息工作状态的台站。

06.039 台链 station chain
在双曲线定位系统中,由两个台对或一个主台若干个副台所组成,各台之间具有一定信号关系的发射台组。

06.040 主台 master station
台链中对信号同步起基准和控制作用的岸台。

06.041 副台 slave station
台链中受主台信号控制的岸台。

06.042　相位周　phase cycle, lane

又称“巷”。无线电相位定位系统的用户终端显示的相位差单位。相位差变化 2π 为一个相位周。

06.043　相位周值　phase cycle value, lane width

又称“巷宽”。当电磁波相位差变化 2π(即变化一个相位周)时所对应的实地距离(或距离差)。

06.044　相位稳定性　phase stability

无线电相位定位系统的附加相位差的稳定程度。

06.045　相位多值性　phase ambiguity

无线电相位定位设备中,相位差所呈现的整周不确定性,即整周模糊度。

06.046　相位漂移　phase drift

在无线电相位定位设备中,由于电子元件参数和电磁波传播速度变化所引起的附加相移。

06.047　固定相移　fixed phase drift, phase bias

无线电定位系统中,以相位周为单位的基线长的小数与仪器的相位延迟两部分的总和。

06.048　联测比对　comparison survey

定位接收机在比对点对观测值与已知值进行比较,以鉴别定位数据有无粗差,或消除相位多值性的过程。

06.049　接收中心　receiving center

双曲线定位的船台接收岸台发射的无线电信号的实际接收点。

06.050　天波干扰　sky-wave interference

当接收机因电离层发生剧烈变化而受到干扰时,接收信号的幅度和相位发生变化而显现的干扰现象。

06.051　天波修正　sky-wave correction

经电离层反射传播的天波与同一地点到达的地波在时间上滞后,需加以修正。

06.052　大气改正　atmospheric correction

又称“气象改正”。实际大气折射率与测量仪器的设计折射率不等所引起误差的改正。

06.053　气象代表误差　meteorological representation error

测线两端点的大气折射率的平均值与沿整个测线大气折射率的积分平均值之差。

06.054　天线方向性　directivity of antenna

无线电台发射天线电波辐射主波瓣的张角中心线所对应的方向。

06.055　天线高度　antenna height

天线收、发有效部位至某一高度基准(如平均海面或大地水准面)的垂直距离。

06.056　地理视距　geographical viewing distance

在海上能见度良好的条件下,灯光或物标顶部被一定眼高的观测者所能看到的最大距离。

06.057　零相位效应　zero-phase effect

定位设备接收的直接波与反射波在定位点的接收天线处相位差180°,两个信号抵消而产生定位信号为零(丢失)的现象。

06.058　测距盲区　range hole

微波测距仪测距信号消失的区域。

06.059　海道测量　hydrographic survey

又称“水道测量”。获取、维护和处理用于描述固体地球水圈及其边界的空间数据与信息的过程与技术。

06.060　海控点　hydrographic control point

以国家控制网点为基础,布设于沿岸的以海道测量为目的的控制点。

06.061　岛屿测量　island survey

对岛屿及其周围水域进行的勘测与调查。

06.062 港湾测量 harbor survey
对港口、锚地、进出港航道水域进行的测量。

06.063 港口疏浚测量 harbor dredge survey
港口航道清淤工程的测量。按照设定的通航要求,在疏浚前、后和工程实施中进行。

06.064 航标测量 navigation mark survey
对海上助航标志的位置和布设环境进行的测量。

06.065 沿岸测量 coastwise survey
距岸约10海里水域内的海道测量。

06.066 近海测量 offshore survey
一般指距岸10~200海里水域的海道测量。

06.067 远海测量 pelagic survey
一般指距岸约200海里以外水域的海道测量。

06.068 江河测量 river survey
对通航江河进行的水深和地形测量。

06.069 湖泊测量 lake survey
对湖泊、水库进行的水深和地形测量。

06.070 海岸地形测量 coast topographic survey
确定海岸线位置和海岸性质以及对沿海陆地地形、陆地助航标志等的测量和调查。

06.071 水深测量 sounding, bathymetry
水面至水底垂直距离的测定。

06.072 遥感测深 remote sensing sounding
利用航空或航天运载工具上的遥感系统进行的水深测量。

06.073 机载激光测深 airborne laser sounding
利用机载激光仪器和定位设备等组成的系统所进行的水深测量。

06.074 回声测深 echo sounding
测量超声波在水体中发射和接收信号的往返时间,并根据超声波在水中的传播速度求取深度的方法。

06.075 多波束测深 multibeam echosounding
声学换能器在垂直于测船航向形成扇形波束,以获取多个水深数据的测量技术。

06.076 条带测深 swath sounding
以多条测线实施宽幅水深测量。相对于单条测线的测量方式,可获得更密集的海底地形数据。

06.077 测线 survey line
测量船的计划航线和实际航线的总称。

06.078 加密探测 development examination
为了详细探测水下航行障碍物和复杂海区的地貌而缩小测线间距的测量。

06.079 扫海测量 wire drag survey, sweep
利用扫海具、声呐或磁力仪对选定海区进行面状探测,查明该区域内是否存在航行障碍物以确定安全通航深度的测量工作。

06.080 定深扫海 sweeping at definite depth
扫海具底索在深度基准面以下保持预定深度的扫海测量。

06.081 拖底扫海 aground sweeping
扫海具底索全部着底的扫海测量。

06.082 磁力扫海测量 magnetic sweeping
用海洋磁力仪对水下磁性航行障碍物的探测。

06.083 声呐扫海 sonar sweeping
利用高分辨率侧扫声呐进行的扫海测量。

06.084 声呐图像 sonar image
简称“声图”。用侧扫声呐对海底进行扫描探测所获得的二维影像。

06.085 声图判读 interpretation of echograms

根据声呐扫海获得的二维声图，概略判读目标的高度、大小、性质和位置的工作。

06.086 扫海深度 sweeping depth
在定深扫海测量时，扫海具的底索在深度基准面以下的深度。

06.087 扫海趟 sweeping trains
扫海测量中，扫海具扫测一趟所覆盖的面积。

06.088 深度基准面 sounding datum, depth datum
水深测量及海图所载深度的起算面。

06.089 海图基准面 chart datum
海图上深度的起算面。

06.090 理论最低潮面 theoretical lowest tide surface
理论上可能出现的潮高最小值。以 13 个分潮的调和常数，按特定的公式计算得到。

06.091 平均大潮低潮面 mean low water springs, MLWS
大潮期间海面降至最低的平均水位。

06.092 平均大潮高潮面 mean high water springs, MHWS
大潮期间海面升至最高的平均水位。

06.093 略最低低潮面 lower low water, Indian spring low water
又称"印度大潮低潮面"。利用两个主要太阴分潮和两个主要太阳分潮推算的深度基准面。

06.094 设计水位 design level
江河航道水深测量用的起算面。

06.095 深度基准面保证率 assuring rate of depth datum
在一定时期内，高于深度基准面的低潮出现的次数与出现低潮的总次数之比的百分数。

06.096 大潮升 spring rise
从深度基准面起算大潮期高潮高度的平均值。

06.097 小潮升 neap rise
从深度基准面起算的小潮期高潮高度的平均值。

06.098 验潮 tidal observation
在某一地点按一定时间间隔对潮汐涨落所进行的观测。

06.099 验潮站 tidal station
观测潮汐变化规律，记录水位升降的场所。

06.100 验潮站零点 zero point of the tidal
验潮站水位的起算面。

06.101 潮汐基准面 tidal datum
根据潮汐观测数据计算求出的一种海平面，据此推算水深和潮高。大多与深度基准面一致。

06.102 同步验潮 tidal synobservation
不同地点的两个以上验潮站，在规定的时间段内同时观测潮汐的涨落。

06.103 水面水准 surface level
当两已知点间水面平静时，视该水面为水准面，观测两点的高差。

06.104 日潮港 diurnal tidal harbor
24h 只有一次高潮和一次低潮的海港。

06.105 半日潮港 semidiurnal tidal harbor
24h 有两次高潮和两次低潮的海港。

06.106 混合潮港 mixed tidal harbor
不正规半日潮混合潮港和不正规日潮混合潮港的总称。

06.107 分潮 constituent
按静力学理论将海洋潮汐分解为一系列简谐波，每一简谐波即为一个分潮。

06.108 分潮振幅 amplitude of partial tide
某个分潮潮差之一半。

06.109 分潮迟角 epoch of partial tide
分潮天体经过某地子午线上中天到某地发生分潮高潮时所对应的角度值。

06.110 潮汐调和分析 tidal harmonic analysis
将潮汐各个分潮的平均振幅和迟角从实际潮位资料中分解出来的计算过程。

06.111 潮汐调和常数 tidal harmonic constants
将实测潮位资料分解出许多分潮,所得出的每个分潮的平均振幅和迟角值。

06.112 潮汐非调和分析 tidal nonharmonic analysis
根据同一天文条件下潮汐变化规律的同一性,由实测资料进行统计,得出各地潮汐变化规律和有关常数的过程。

06.113 潮汐非调和常数 tidal nonharmonic constants
非直接由潮汐调和分析得出的常数。例如平均高潮间隙、平均低潮间隙、平均大潮差、平均潮差等。

06.114 潮汐预报 tidal prediction
根据已掌握的潮汐信息对某一地点某一时刻潮高的推算和报告。

06.115 水位 water level
海洋、江河、湖泊等水域的表面某一时刻相对于某一基准面上的高度。

06.116 水位曲线 curve of water level
反映观测站(点)水位随时间变化的曲线。

06.117 测深改正 correction of sounding
为消除水深测量原始数据中各种误差实施的化算和改正。

06.118 测深归算 reduction of soundings
水深测量中对观测深度进行潮汐高度改正,化算至深度基准面的方法。

06.119 水位改正 correction of water level
对瞬时海面上的实测深度,化算到由深度基准面起算的改正。

06.120 水位分带改正 correction with tidal zoning
根据两个(含)以上验潮站的观测资料,按照验潮站的有效范围,分成若干区间求水位改正数的工作。

06.121 声速改正 correction of sound velocity
水中实际声速与回声测深仪设计声速不等而引起对实测水深的改正。

06.122 声速剖面测量 sound velocity profiling
对不同深度海水的声传播速度进行的垂直同步观测。

06.123 挡差改正 correction for scale difference
测深仪深度挡变换所引起的改正。

06.124 波浪补偿 heave compensation, compensation of undulation
受波浪影响引起船体姿态发生变化而对水深观测值进行的补偿改正。

06.125 换能器吃水改正 correction for transducer draft
回声测深仪换能器入水深度因起的测量数据改正。分静态吃水改正和动态吃水改正。

06.126 换能器静态吃水 transducer static draft
船只静止时量取的测深仪换能器中心至水面的垂直距离。

06.127 换能器动态吃水 transducer dynamic

draft

因船只航速变化引起船体沉浮而使换能器吃水产生的动态变化。

06.128 换能器基线 transducer baseline

回声测深仪收发换能器中心之间的连线。

06.129 换能器基线改正 correction of transducer baseline

将测深仪实测水深归算到相对于换能器基线中点的深度改正。

06.130 波束角 wave beam angle, beam angle

换能器发射声波波束的张角。

06.131 波束间角 beam spacing

多波束测深系统相邻波束两对称轴线之间的夹角。

06.132 波束掠射角 beam grazing angle

多波束测深系统波束对称轴线与其所投射的水平界面之间的夹角。

06.133 波束入射角 beam incident angle

多波束测深系统波束对称轴线与铅垂线之间的夹角。

06.134 扇区开角 fan width, swath width

多波束测深系统一次完整扇形扫描所形成的波束外缘线间的夹角。

06.135 海底倾斜改正 seafloor slope correction

因海底倾斜引起记录深度与实际深度不一致而进行的改正。

06.136 测深仪记录纸 recording paper of sounder

回声测深仪记录水深的发射(零位)信号与回波(水深)信号的纸带。

06.137 测深仪回波信号 echo signal of sounder

回声测深仪记录的反映所测深度的连续信号。

06.138 测深仪发射线 transmiting line of sounder

又称“测深仪零线”。回声测深仪记录的零位线。

06.139 定位标记 positioning mark

为使定位与测深同步而发送并记录在测深仪记录纸上的打标信号。

06.140 零[位]线改正 correction of zero line

测深仪记录的零位线偏移的改正。

06.141 测深仪读数精度 reading accuracy of sounder

测深仪记录的不同深度档读数最小刻划的分辨率或数字水深读数的最低小数位。

06.142 测深精度 accuracy of sounding

水深测量中以中误差数值表示的技术指标。

06.143 特殊水深 special depth

较周围深度有明显变化的水深。

06.144 异常水深 anomalous depth

水深测量时,发射的信号遇到水体中的物体或特殊水文现象反射到记录器的非真实海底深度。通常由鱼群及其他悬浮物、水中气泡引起。

06.145 主检比对 main/check comparison

主测线与检查线交叉处测量结果的比较。

06.146 邻图拼接比对 comparison with adjacent chart

相邻图幅重叠处测量结果的比对。

06.147 底质调查 bottom characteristics exploration

海底表层组成物质种类、性质和厚度等的探测与分析。

06.148 底质采样 bottom characteristics sampling

用机械采泥器等获取底质样品的方法。

06.149 水文观测 hydrometry

又称“水文测验”。对水的现象、数量、性质及其分布变化规律的观察与测量。

06.150 测流 current survey

又称“海流观测”。对海水流动状况进行的观察和测量。观测的主要量有流速和流向，辅助量为风速、风向和水深。

06.151 潮流分析 tidal current analysis

对潮流观测资料的统计、计算和评价。分析得到的潮流特征用于潮流预报、航行安全和科学研究。

06.152 航行障碍物探测 observation of navigation obstruction

用扫海测量或水深加密测量方法探测礁石、浅滩、沉船等航行障碍物的准确位置、最浅深度和延伸范围等。

06.153 透写图 tracing

将测量成果透绘于透明纸(或薄膜)上而成的测量成果图。

06.154 海区资料调查 sea area information investigation

对海洋测量区域进行的辅助性考察和研究。包括搜集分析自然地理、交通、通信、航标和锚地设施等资料。

06.155 海底地形学 submarine topography

研究海底表面起伏情况、形态特征、发展变化规律以及人类活动与海底环境相互作用的学科。

06.156 海底地形测量 bathymetric survey, bathymetry

海底起伏、沉积物结构和地物的测量。

06.157 大陆架地形测量 continental shelf topographic survey

在海洋大陆架区域内所进行的海底地形测量。

06.158 海洋专题测量 marine thematic survey

以海洋区域的地理专题要素为对象所进行的测量。

06.159 海洋重力测量 marine gravimetry

海域重力加速度的测定。有海底重力测量、海面船载重力测量、海洋航空重力测量和卫星海洋重力测量等方法。

06.160 厄特沃什效应 Eötvös effect

因地球自转及运载体相对于地球运动改变了作用在重力仪上的离心力而对所测重力值产生的影响。

06.161 交叉耦合效应 cross-coupling effect

又称“C-C 效应”。摆杆型海洋重力仪测量时,周期相同、相位差 $\pi/2$ 的垂直加速度和水平加速度共同作用在摆杆上使所测重力值发生变化的一种效应。

06.162 潮汐改正 tidal correction

为消除潮汐对海洋重力观测影响所进行的改正。

06.163 海洋重力异常 marine gravity anomaly

在海洋区域,绝对重力值和正常重力值之差。

06.164 海洋磁力测量 marine magnetic survey

海域磁场总强度和磁场水平梯度的测定。

06.165 海洋磁力异常 marine magnetic anomaly

在海洋区域磁力观测值与正常地磁场之差。

06.166 海军勤务测量 naval service survey

为海军作战、训练的需要所进行的各种专门军事勤务测量。

06.167 **领海基线测量** territorial sea baseline survey

领海宽度起算界线的测定。

06.168 **海洋划界测量** marine demarcation survey

对划界海域进行的海底地形测量、海底地质构造和沉积物调查。

06.169 **海洋工程测量** marine engineering survey

为海洋工程的勘察设计、施工建造和运行管理实施的勘测与调查。

06.170 **海底施工测量** submarine construction survey

在海底铺设管线、进行水下建筑施工时所进行的测量。

06.171 **海底隧道测量** submarine tunnel survey

在海底隧道工程的设计、施工和运营管理阶段所进行的测量。

06.172 **海洋测量信息系统** hydrographic information system

在计算机技术支持下综合处理和分析海洋测量数据的技术系统。

06.173 **海底地形模型** bathymetric model, seafloor elevation model

描述海底表面形态的有序数据集合。

06.174 **测量船** survey vessel

执行海洋、江河或湖泊等水域测量任务的船舶。

06.175 **航向** course

船舶和飞机航行的方向，以北为基准，顺时针方向至船舶、飞机首尾线之间的水平角。

06.176 **[磁]罗经航向** compass course

船舶航行艏向与磁(真)北线之间的夹角。

06.177 **罗经[校正]标** compass adjustment beacon

由三个后标和一个共同的前标组成三组叠标的导标组。每组叠标线的方位为已知，用于测定船舶罗经自差的导标组。

06.178 **艏向** heading

某瞬时的船首尾线所指的船首方向。

06.179 **导航线** leading line

又称“叠标线”。一条由连接两个助航标志一直延伸到航行相关水域的直线。

06.180 **航速** speed

船舶在单位时间内航行的距离。

06.181 **推荐航线** recommended route

在海图上用线条标出能确保水域安全航行供船舶参考的航线。

06.182 **航迹** track

船舶航行的轨迹线。

06.183 **叠幅** overlap

同比例尺航海图相邻图幅之间，为了航海换图方便而形成的一定范围的重叠部分。

06.184 **海图制图** charting

海图制作过程与技术的统称。包括海图编制、海图制印、建立海图数据库和海图更新等。

06.185 **海图** chart

以海洋为主要描绘对象的地图。按表示内容分为航海图、普通海图和专题海图。

06.186 **航海图** nautical chart

用于船舶安全航行和航海定位的海图。包括海区总图、航行图、海岸图和港湾图等。

06.187 **海区总图** general chart of the sea

描绘某一海域总貌的航海图。多为小比例尺，要素表示较为概略。

06.188 **航行图** sailing chart

详细表示与航行有关要素的航海图。根据比例尺不同,可分为远洋、远海、近海、沿岸和窄水道航行图。

06.189 海岸图 coast chart

详细描绘海岸特征的大比例尺航海图。

06.190 港湾图 harbor chart

详细描绘港口、航道和锚地各种要素的大比例尺航海图。

06.191 远洋作业图 plotting chart, plotting sheet

仅绘出地理格网与罗经圈的海图。供船舶远洋航行中标记航线和船位。

06.192 墨卡托海图 Mercator chart

采用墨卡托投影编制的海图。

06.193 大圆航线图 great circle sailing chart

采用日晷投影编制的海图。

06.194 导航图 navigation chart

绘有各种无线电定位格网,用于无线电导航的航海图。

06.195 双曲线导航图 hyperbolic navigation chart

绘有多组不同颜色双曲线定位格网的专用航海图。

06.196 罗兰海图 Loran chart

双曲线导航图的一种。绘有罗兰导航系统双曲线定位格网的航海图。

06.197 台卡海图 Decca chart

双曲线导航图的一种。绘有台卡导航系统双曲线定位格网的航海图。

06.198 康索尔海图 Consol chart

绘有康索尔定向无线电指向标方位线的导航图。

06.199 奥米伽海图 Omega chart

双曲线导航图的一种。绘有奥米伽导航系统相位双曲线定位格网的航海图。

06.200 岛屿图 island chart

表示岛屿陆地地形及其沿岸海底地貌各要素的大比例尺海图。

06.201 江河图 river chart

表示江河两岸陆地、河岸及河中与航行有关要素的航行图。

06.202 航道图 navigation channel chart

用于港口、海峡、水道等水域分道航行或惯用航道的航行图。

06.203 游艇用图 yacht chart, smallcraft chart

供旅游小艇用的大比例尺航海图。

06.204 渔业用图 fishing chart

供海洋捕鱼作业用的航海图。

06.205 军用海图 military chart

专供军事指挥机关和舰艇部队使用的各类海图的总称。

06.206 国际海图 international chart

由国际海道测量组织(IHO)协调各成员国分工编制的世界海洋国际通用航海图。

06.207 普通海图 general chart

全面表示海洋及其毗邻陆地各种自然地理和人文地理要素的通用海图。

06.208 海底地势图 submarine situation chart

表示海底起伏总体趋势的小比例尺普通海图。

06.209 海底地形图 bathymetric chart

表示海底起伏的普通海图。是陆地地形图在海洋区域的延伸。

06.210 大洋地势图 general bathymetric chart of the oceans, GEBCO

覆盖世界海洋的小比例尺海底地形图。由

国际海道测量组织(IHO)和政府间海洋学委员会(IOC)协调有关国家联合编制,共18幅。

06.211 大洋水深图 ocean sounding chart
覆盖全球海域的1∶100万水深资料图。

06.212 专题海图 thematic chart
表示某种或几种要素供各专业部门使用的海图。

06.213 海底地貌图 submarine geomorphologic chart
描述海底的外部形态特征及发育程度的专题海图。

06.214 底质分布图 bottom sediment chart
表示海底表层不同物质分布的专题海图。

06.215 海底地质构造图 submarine geological structure chart
表示海底岩石的形态、展布和相互结合方式等特征的专题海图。

06.216 海洋重力异常图 chart of marine gravity anomaly
表示海洋区域重力异常等值线的专题海图。

06.217 海洋磁力图 marine magnetic chart
表示海洋区域磁场信息的专题海图。

06.218 海洋环境图 marine environmental chart
描述人类活动与海洋自然环境的相互影响、进行海洋环境规划的专题海图。

06.219 海洋水文图 marine hydrological chart
描述海洋水文要素的特征及与其他海洋自然地理现象关系的专题海图。

06.220 潮流图 tidal current chart
表示海域潮流速度、方向和出现频率的专题海图。多以玫瑰图或等值线方式表示。

06.221 海洋气象图 marine meteorological chart
描述海洋气象要素的特征及与其他海洋自然地理现象关系的专题海图。

06.222 海洋资源图 marine resource chart
描述海洋生物、化学、矿产和动力资源分布状况的专题海图。

06.223 海洋生物图 marine biological chart
描述海洋浮游生物、游泳生物和底栖生物分布和发展状况的专题海图。

06.224 海[洋]图集 marine atlas
按照统一的设计原则和体例编制的,具有内容、分幅、比例尺和装帧形式统一性的多幅海图的汇集。

06.225 港湾锚地图集 harbor/anchorage atlas
以港口、锚地为描述主体,并配有文字说明的航海参考图集。

06.226 引航图集 pilot atlas
详细表示水底地形、航行目标、港口设施等要素,引导船舶进出港口和通航河流的多幅大比例尺航行图的汇集。

06.227 郑和航海图 Zheng He's Nautical Chart
原名《自宝船厂开船从龙江关出水直抵外国诸番图》。明代航海家郑和自永乐三年起28年间7次远航"西洋"所绘的航海图。

06.228 数字海图 digital chart
以数字形式存储在磁带、磁盘、光盘等介质上的航海图。

06.229 海图单元 chart cell
组织数字海图信息的地理范围。一般根据特定大小的经纬线格网设置。

06.230 块改正 block correction
将更新内容的小片纸海图或数据块覆盖在

现行海图相应位置。海图小改正的一种方法。

06.231 电子海图 electronic chart
显示海图信息的电子系统的统称。也指以计算机屏幕显示的数字海图。

06.232 电子海图显示信息系统 electronic chart display and information system, ECDIS
由计算机控制,能分类显示海图要素、雷达图像、船位及船舶航行状态等信息的导航系统。

06.233 电子航海图 electronic navigational chart, ENC
官方发行的、专用于电子海图与显示系统(ECDIS)的标准化数字海图。

06.234 海图数据库 chart database
利用计算机存储海图信息及数据管理软件的集合。

06.235 安全水深 safety depth
电子海图上设定的航海安全深度。一般为船的吃水加上船体龙骨下富余水深。

06.236 安全等深线 safety contour
电子海图上设定的与船舶吃水相关的等深线。在显示器上区分安全水域和危险水域。

06.237 北向上显示 north-up display
雷达或电子海图上正北方向总是指向屏幕上方的显示方式。

06.238 航向向上显示 course-up display
雷达或电子海图的图形符号与船只航向基本一致,指向屏幕上方的显示方式。

06.239 海图编制 chart compilation
海图出版原图的设计和制作。

06.240 海图分幅 chart subdivision
在制图区域内计算和规划海图的图幅范围。

06.241 海图编号 chart numbering
为便于使用和保管海图,按一定原则给每幅海图规定的代号。

06.242 海图比例尺 chart scale
海图上某一线段的长度与地球表面上相应线段水平距离之比。

06.243 海图投影 chart projection
按一定数学法则将参考椭球面上的点线投影到海图平面上的方法。

06.244 基准纬度 latitude of reference
正圆柱投影中圆柱切割于椭球体某一纬线的纬度。该纬度的局部比例尺被采用作为某幅或某套海图的比例尺。

06.245 海图图式 symbols and abbreviations on chart
载有海图符号的样式、尺寸、颜色以及注记和图廓整饰规格的出版物。

06.246 海图图廓 chart boarder
海图有效幅面的范围线。分内图廓和外图廓。

06.247 渐长纬度 meridional part
在墨卡托海图纵坐标上单位纬度投影的长度随纬度增高而渐长的子午线弧长,以赤道上经度1′为单位表示。

06.248 渐长区间 projection interval
墨卡托海图经线上为保证制图精度允许经线平均分割的最大纬差区间。

06.249 对数尺 logarithmic scale
在海图上用于换算航速、航时和航程三者数据的一种算尺。

06.250 千米尺 kilometer scale
海图东西图廓上绘制的供相应纬度地区量算距离用的直线比例尺。

06.251 海岸 coast

在海水面和陆地接触处，经波浪、潮汐、海流等作用下形成的滨海地带。

06.252 海岸线 coast line

海水面和陆地的交界线。在海图上，有潮海为多年平均大潮高潮的水陆分界线；无潮海为平均海面的水陆分界线。

06.253 海岸性质 nature of the coast

海岸的物质组成和坡度等形态特征。

06.254 干出滩 dry shoal

海岸线至零米等深线之间的海滩地带。

06.255 低潮线 low water line

海水落潮时退到离海岸最远的潮位线。

06.256 干出高度 drying height

礁石等物体在深度基准面以上的高度。

06.257 航行障碍物 navigation obstruction

水中一切天然的或人为的有碍船舶航行安全的物体。

06.258 礁石 rock

孤立突出于海底的岩石或珊瑚礁体，船舶航行最危险的天然障碍物。以其相对于水面的高低分为明礁、暗礁、干出礁和适淹礁，在海图上以不同的符号表示。

06.259 海底地貌 submarine geomorphology

海底的起伏形态和特征。全部海底可分为大陆边缘、大洋盆地和大洋中脊三个基本地貌单元及若干次一级海底地貌单元。

06.260 水深 sounding, depth

水域中某点自深度基准面至水底的垂直深度。

06.261 等深线 depth contour

深度相等的各相邻点的连线。

06.262 底质 quality of the bottom, bottom characteristics

海底表面的组成物质。

06.263 [助]航标[志] aid to navigation

辅助引导船舶安全航行的人工装置或仪器。主要包括视觉航标、声响航标和电子航标。

06.264 无线电指向标 radio beacon

又称“电指向”。供船舶测向的专用无线电发射台。

06.265 雷达应答器 radar responder

响应雷达脉冲询问并发回编码应答信号的导航装置。

06.266 水深信号杆 depth signal pole

杆顶悬挂当地水位变化数值标志的信号杆。

06.267 灯质 characteristic of light

又称“灯标性质”。灯标的全部特征和性能。包括：灯色，灯光节奏、周期和射程，灯高，有无看守等。

06.268 灯光节奏 flashing rhythm of light

航标灯光在一个周期内的明暗次数的变化。

06.269 灯色 light color

航标灯的灯光颜色。

06.270 灯光遮蔽 eclipse

航标灯在灯罩上设挡光板或由于自然景物遮挡而使某一角度范围海域见不到航标灯光的现象。

06.271 灯光周期 light period

航标灯光的明暗或光色互换，自开始到依同样次序重复时所经历的时间间隔。

06.272 灯高 height of light

平均大潮高潮面至航标灯光中心的高度。

06.273 灯光射程 light range

通视条件良好情况下观测者眼高在海面上5米处所能见到航标灯光的最远距离。

06.274 海底管道 submarine pipeline

敷设在水下或埋于海底一定深度的输送石油、天然气、水等的管道。

06.275　海区界线　sea area boundary line

海洋中行政区、经济活动区、军事禁区、航行限制区、自然地理区及其他人为划定区等界线的总称。

06.276　禁区界线　forbidden zone boundary line

表示海上禁止船舶通航区域、禁止抛锚及捕捞区域、军事训练或射击区域的界线。

06.277　疏浚区　dredged area

港口或航道区人工浚挖以增加深度的水域。

06.278　扫海区　swept area

正在扫海或扫海后在航海图上划定的区域。

06.279　禁[止抛]锚区　anchorage-prohibited area

海底布有海底电缆或管道而禁止船舶抛锚的区域。

06.280　磁力异常区　magnetic anomaly area

海图上表示地磁要素同周围地区数值存在显著差别的区域。

06.281　雷达覆盖区　radar overlay

雷达扫描时所能达到的实际作用区域。

06.282　港口　port

位于海洋、江河、湖泊沿岸，具有一定设备和条件，为舰船停泊、避风、维修、补给和转换客货运输方式的场所。

06.283　航道　fairway, channel

船舶航行的具有限制性或推荐性的带状水域。

06.284　双向航道　two-way route

在航行困难或危险的水域，为船舶提供安全而设立的中间有隔离线（带）的可双向通行的通道。

06.285　水文要素　hydrologic feature

海图上表示的水的现象、数量、性质及其分布变化规律的内容。例如潮汐、潮流、海流、急流和旋涡等。

06.286　浪花　breaker

在海图上指沿岸众多的礁石或海中孤立的礁石引起海浪破碎出现的水花。

06.287　变色海水　discolored water

由海底地貌变化、航行障碍物存在、水文条件变化或生物情况变化等原因造成小范围颜色与周围不同的海水。

06.288　潮信表　tidal information panel

航海图上载有某地区高低潮间隙、大小潮升、潮高和平均海面等潮汐资料的专用表。

06.289　对景图　front view

海图上表示的实地景物像片或素描图。供航海人员在海上识别航行显著目标、港口和水道等。

06.290　方位圈　compass rose

航海图上标出圆周刻度分划的图形。

06.291　磁偏角　magnetic declination

磁北线与真北线之间的夹角。

06.292　年差　annual change of magnetic variation

磁偏角的周年变化值。

06.293　海图标题　chart title

在海图上标注的海图图名、投影类型、比例尺及资料使用情况等说明的总称。

06.294　海图注记　lettering of chart

海图上表示海图要素的名称、意义和数量等属性的文字及数字的通称。

06.295　海图改正　chart correction

为保持海图现势性对图上重要内容的补充、删除或更改。

06.296　海图小改正　chart small correction

根据航海通告或无线电航行警告对航海图

进行的个别内容改正。

06.297 海图大改正 chart large correction
由制图单位对航海图出版原图进行的改正。改正后重新印刷发行,原海图不宣布作废。

06.298 新版海图 new edition of chart
第一次出版、发行的海图。或因海图内容变动大,经原出版单位重新编制、印刷,但范围、数学基础不作变更的海图。新版图发行后原版图作废。

06.299 航海通告 notice to mariners, NtM
报道海区航标、障碍物等变化情况及航海图书出版消息的文件。

06.300 航行通告 notice to navigator
报道江河湖泊航行区域航标、障碍物等变化情况的文件。

06.301 无线电航行警告 radio navigational warning
为及时改正航海图,将新搜集到的海区重要变化情况用无线电传送给用图者的报文。

06.302 航路指南 sailing direction
供航海人员使用的刊载航线、航法、海区地理概况等内容的参考书。

06.303 航标表 list of lights
详细记载海区助航标志的编号、名称、位置、构造、性质及有关说明事项的出版物。

06.304 无线电指向标表 list of radio beacon
详细记载海区无线电指向标的编号、名称、位置、性质及其他说明事项的文字资料。

06.305 潮汐表 tide table
刊载沿海若干地点未来一定时期内潮汐涨落情况的专门资料。

06.306 航海天文历 nautical almanac
根据天文年历编算,专供航海人员观测天体以确定船舶地理坐标的专门历书。

07. 测 绘 仪 器

07.001 大地测量仪器 geodetic instrument
研究地球形状、大小、空间物体位置、重力场及其变化所使用的野外测绘仪器。

07.002 经纬仪 theodolite, transit
测量水平和竖直角度的测绘仪器。

07.003 光学经纬仪 optical theodolite
具有光学读数装置的经纬仪。

07.004 电子经纬仪 electronic theodolite
利用电子技术测角的经纬仪。

07.005 激光经纬仪 laser theodolite
带有激光指向装置的经纬仪。用于定线、定位、测设已知角度和坡度以及划线放样等。

07.006 工程经纬仪 engineer's theodolite
用于工程勘测、设计、施工和管理的中低精度测量用的经纬仪。

07.007 天文经纬仪 astronomical theodolite
一种既能用于大地测量作业,又能用于精密天文测量的经纬仪。

07.008 陀螺经纬仪 gyrotheodolite, gyro-azimuth theodolite, survey gyroscope
带有陀螺装置,用来测定测线真北方位角的经纬仪。

07.009 矿山经纬仪 mining theodolite
适用于矿井条件测量的经纬仪。

07.010 摄影经纬仪 phototheodolite
摄影机与经纬仪功能相结合的一种地面摄影测量的仪器。

07.011　罗盘经纬仪　compass theodolite
带有测定磁方向角罗盘的经纬仪。

07.012　地磁经纬仪　magnetism theodolite
带有测定地磁偏角和地磁水平强度装置的经纬仪。

07.013　坡面经纬仪　slope theodolite
在主望远镜上装有能测定腰线的副望远镜的普通经纬仪。

07.014　悬式经纬仪　suspension theodolite
用于井下测量的可悬挂的经纬仪。

07.015　测距经纬仪　distance theodolite
带有光电测距装置的光学经纬仪。

07.016　电子速测仪　electronic tacheometer, electronic stadia instrument, electronic tachymeter total station
又称"全站仪"。具有电子测距、测角功能,并直接获取三维坐标的测量仪器。

07.017　垂准仪　optical plumment, laser plumment, optical precise plumment
又称"铅垂仪"。确定铅垂方向的仪器。

07.018　激光地形仪　laser topographic position finder
无合作目标的激光测距装置与经纬仪结合,既能测角又能测距的仪器。

07.019　激光准直仪　laser aligner
由激光器做光源的发射系统和光电接收系统组成的、用于导向的仪器。

07.020　罗盘仪　compass
利用磁针确定磁方位的简便仪器。

07.021　水准仪　level
根据水准测量原理测量地面两点间高差的仪器。

07.022　光学水准仪　optical level
由望远镜、管状水准器或补偿器等组成的水准仪。

07.023　电子水准仪　electronic level
自动指示目标水平位置的仪器。

07.024　精密水准仪　precise level
用于二等水准测量以上的高精度水准仪。

07.025　工程水准仪　engineer's level
用于工程勘测设计、施工及管理的中低精度水准仪。

07.026　自动安平水准仪　automatic level, compensator level
在一定的竖轴倾斜范围内,通过补偿器自动安平望远镜视准轴的水准仪。

07.027　激光水准仪　laser level
带有激光指向装置的水准仪。

07.028　激光扫平仪　rotating laser, rotary laser
利用激光束绕轴旋转扫出平面的仪器,一般带有探测装置。

07.029　手持水准仪　hand-held level
测定地面两点间高差的手扶式简易仪器。

07.030　平板仪　plane-table equipment
测定点位和高差,由照准仪和平板等组成,用于地形测图的仪器。

07.031　电子平板仪　electronic plane-table
带有光电测距装置的平板仪。

07.032　求积仪　planimeter, platometer
测量图形面积的仪器。

07.033　电子求积仪　electronic planimeter
应用电子技术测量图形面积的仪器。

07.034　电子测距仪　EDM instrument, electronic distance meter, electromagnetic distance meter
利用光电技术测得距离并直接显示的仪器。

07.035 光电测距仪 electro-optical distance meter

利用波长为400～1000nm的光波作载体的电磁波测距仪。

07.036 双色激光测距仪 two-color laser ranger, distance meter

利用两种不同波长的光源同时进行测距的仪器。

07.037 卫星激光测距仪 satellite laser ranger

以激光器为光源,测定地面测站到有合作目标的人造卫星距离的仪器。

07.038 微波测距仪 microwave distance meter

利用波长为0.8～10cm的微波作载波的电子测距仪。

07.039 GPS接收机 GPS receiver

接收全球定位系统卫星信号以确定地面空间位置的仪器。

07.040 GLONASS接收机 GLONASS receiver

接收前苏联部署的全球导航系统GLONASS信号进行定位的接收机。

07.041 等高仪 astrolabe

用于观测、记录一组恒星通过同一等高圈之时刻、纬度的仪器。

07.042 光电等高仪 photoelectric astrolabe

利用光电技术自动记时的等高仪。

07.043 中星仪 transit instrument

用于测定恒星时或按太尔各特测定法测定天文纬度的天文观测仪器。

07.044 光电中星仪 photoelectric transit instrument

装有光电装置和导星镜的中星仪。

07.045 象限仪 quadrant

装有望远镜的罗盘仪,用于测定地面上某直线的磁象限角。

07.046 天文坐标量测仪 astronomical coordinate measuring instrument

量测底片上星象直角坐标的仪器。

07.047 恒时钟 sidereal clock

按地球自转周期为基准的恒星时运行的计时仪器。

07.048 平时钟 mean-time clock

按平太阳时运行的计时仪器。

07.049 原子钟 atomic clock

采用原子能级跃迁吸收或发射一定频率的电磁波作为基本频率振荡源的精密计时仪器。

07.050 重力仪 gravimeter

测定地球上某一点绝对重力或两点重力差的仪器。

07.051 金属弹簧重力仪 metallic spring gravimeter

用铁镍合金作弹簧制成的用于测量两点重力差的仪器。

07.052 石英弹簧重力仪 quartz spring gravimeter

用熔融石英作弹簧制成的用于测量两点重力差相对变化的仪器。

07.053 超导重力仪 superconductor gravimeter

利用超导体产生的磁场来平衡悬浮超导球质量以测量重力变化的仪器。

07.054 绝对重力仪 absolute gravimeter

测量绝对重力值的仪器。

07.055 海洋重力仪 marine gravimeter

在海洋上测定相对重力的仪器。

07.056 海洋磁力仪 marine magnetometer

测定海上磁场要素和水下物体磁性特征的仪器。在海洋质子旋进磁力仪、海洋磁力梯度仪等。

07.057 海洋质子磁力仪 marine proton magnetometer

根据质子旋进的原理设计的测量海洋磁力要素的仪器。

07.058 重力梯度仪 gradiometer

测量重力位二阶导数的仪器。

07.059 地磁仪 magnetometer

用于测量地磁场强度和方向的仪器的统称。

07.060 海洋质子采样器 marine bottom proton sampler

用于获取底质样品的设备。

07.061 倾斜仪 clinometer

测量物体随时间的倾斜变化及铅垂线随时间变化的仪器。

07.062 伸缩仪 extensometer

测量物体直线伸缩的仪器。主要用于固体潮、地震预测中的地壳形变和某些工程中的伸缩观测。

07.063 自准直目镜 autocollimating eyepiece

由目镜、分划板和采用半透半反分束镜的照明系统组成以确定准直状态的目镜。

07.064 弯管目镜 diagonal eyepiece

带有转向棱镜以改变目视方向的目镜,用于经纬仪进行大倾角测量时的附件。

07.065 测微目镜 micrometer eyepiece

带有分划板和测微装置的目镜。

07.066 激光目镜 laser eyepiece

带有激光装置的目镜。

07.067 度盘 circle

用于测量角度的分度圆盘。

07.068 补偿器 compensator

在仪器中用于补偿相位差、光程差、偏振差、光强度或机械位移等变量的部件。

07.069 水准器 level, bubble

由水准泡或电子倾斜传感器组成的部件。用于安平或测量微小倾角。

07.070 三角基座 tribrach

用于支承仪器,并可调节竖轴方向的装置。

07.071 测微器 micrometer

将分划间距细分的装置。

07.072 光学对中器 optical plummet

使仪器中心和测站点在铅垂方向对准的光学装置。

07.073 目视天顶仪 visual zenith telescope

用目视方法观测恒星天顶距的仪器。

07.074 寻北器 north-finding instrument, polar finder

用于简易天文定向的北极星观测件。

07.075 标志灯 signal lamp

又称"回光灯"。在能见度差的条件下用于照准的发光器具。

07.076 回照器 helioscope, helios

用平面镜反射日光以供观测照准用的司光器具。

07.077 等高棱镜 contour prism

采用棱镜等高法观测的经纬仪附件。

07.078 五角棱镜 pentaprism

一般指两反射面夹角为45°,出射面和入射面夹角为90°的棱镜。

07.079 鲁洛夫斯太阳棱镜 Roelofs solar prism

一种专门用于观测太阳的特殊装置。

07.080 能见度 visibility

正常视力能将目标物从背景中区别出来的最大距离所相应的等级。它与大气透明度，目标物和背景的亮度比有关。

07.081 垂球 plumb bob
上端系有细绳的倒圆锥形金属锤，在测量工作中用于投影对点或检验物体是否铅垂的简单工具。

07.082 三脚架 tripod
带有架头和三条支撑腿，用来安置仪器。

07.083 对中杆 centering rod
连接于三脚架架头，能按铅垂方向直接指向地面标记点的可伸缩金属杆。

07.084 觇牌 target
短距离精密测角中的照准标志。

07.085 标尺 staff, rod
用于测量高度或深度的刻度尺。

07.086 测杆 measuring bar
测量时标示目标的一种工具。其表面一般红白相间分段，杆底装有尖铁脚。

07.087 水准尺 leveling staff
与水准仪配合进行水准测量的标尺。

07.088 线纹米尺 standard meter
又称“日内瓦尺”。一米长的标准尺。

07.089 因瓦基线尺 invar baseline wire
用镍铁合金制成的，膨胀系数小于0.5×10^{-6}/℃的线状尺或带状尺。

07.090 光栅 grating
制有按一定要求或规律排列的刻槽或线条的透光或不透光(反射)的光学元件。

07.091 定向天线 directional antenna
按给定方向发射或接收无线电信号的天线。

07.092 全向天线 omnidirectional antenna
水平方向灵敏度相同，垂直方向属于定向型的一种天线。

07.093 调制器 modulator
使光、电信号的某些参数(如振幅、强度、频率或相位)按照另一信号的变化规律而变化的部件。

07.094 换能器 transducer
可把电能、机械能或声能从一种形式转换为另一种形式的能的装置。

07.095 波带板 zone plate
具有使点光源或不大的物体成实像的作用，且对于所考察的点，只让奇数或偶数半波带通过，使得波阵面在所考察点产生合成振动的振幅为相应各半波带所生振动振幅之和的光学屏板。

07.096 电荷耦合器件 charge-coupled device, CCD
由时钟脉冲电位来产生和控制半导体势阱的变化，实现产生和传递电荷信息的固态光电子器件。

07.097 调制频率 modulation frequency
单位时间内完成调制的次数。

07.098 时钟频率 clock frequency
时钟振荡器在单位时间内完成的振荡次数。

07.099 目标反射器 target reflector
测距仪测距时，在镜站设置的、能将测距仪发射信号反射回测站的装置。

07.100 电子手簿 data recorder
又称“数据采集器”。外业测量工作中，用于存储观测数据并能将数据按规定要求输出的电子记录装置。

07.101 固定误差 fixed error, constant error
与被测距离大小无关的误差。

07.102 比例误差 proportional error, scale error

与被测距离成比例的测距误差。

07.103 视距 sighting distance
用调焦望远镜观察时在分划面上成清晰像的物体与仪器转轴中心的距离。

07.104 乘常数 multiplication constant
对精测频率进行修正的改正因子。

07.105 加常数 addition constant
由于测距仪中光路调整的剩余误差、信号延迟等因素的影响,使仪器测得的距离值与实际距离之间存在的固定差值,但在测量时必须改正的差值常数。

07.106 视距乘常数 stadia multiplication constant
利用望远镜视距线测距时,为了得到视距而与分划板上两视距线对应的标尺截距相乘的一个常数,一般为100。

07.107 视距加常数 stadia addition constant
用望远镜视距线测距时,为了得到视距而给标尺截距与乘常数之积加上的一个常数,一般为零。

07.108 长度标准检定场 standard field of length
以高精度长度为标准,检定各种测量长度的工具和仪器的场地。

07.109 竖盘指标差 index error of vertical circle, vertical collimation error
当经纬仪置平后,竖盘读数系统零位的偏差。

07.110 补偿器补偿误差 compensating error of compensator
补偿器对竖轴倾斜引起的视准轴竖直方向的偏差不能完全补偿造成的残余误差。

07.111 安平精度 setting accuracy
仪器整置在水平位置时,仪器偏离真实水平位置的程度。

07.112 二倍照准部互差 discrepancy between twice collimation error
又称“二倍照准差”。经纬仪正、倒镜观测同一水平目标的两个读数的差值与180°之差。

07.113 调焦误差 error of focusing
在调焦范围内由调焦引起的视准轴变化量。

07.114 视差 parallax
(1)像平面与指标平面不重合所产生的读数或照准偏差。(2)摄影测量中指立体像对中同名像点坐标之差。

07.115 行差 run error
测微器或带尺对分划间距进行细分时,分划值与测微器或带尺相应分划值的偏差。

07.116 频率误差 frequency error
测距仪的调制频率标称值与实际值的偏差。

07.117 测距误差 distance-measuring error
距离测值与被测距离真值之差。

07.118 周期误差 periodic error
以某一固定量为周期重复出现的系统误差。测距仪指以一定距离为周期重复出现的测距误差。光学度盘指以某一角度为周期重复出现的分划误差。

07.119 标称精度 nominal accuracy
仪器出厂时标明的精度指标。

07.120 三杆分度仪 three-arm protractor
由三杆、中心针、度盘和两个分微轮组成的海上后方交会法实施水深测量图解定位的仪器。

07.121 六分仪 sextant
由分度弧、指标臂、动镜、定镜、望远镜和测微轮组成,适用于船上观测天体高度和目标的水平角与垂直角的手持仪器。

07.122 工业测量系统 industrial measuring system

利用高精度电子速测仪或电子经纬仪，对物面上的测点按一定程序进行方位和距离测量，并将数据处理后给出被测物形状、空间位置或数学模型的测量系统。

07.123 综合测绘系统 general surveying system

一种集野外测量、数据处理及室内成图于一体的数字化测绘系统。

07.124 近程定位系统 short-range positioning system

精确测定离岸约 250 海里范围内船位的无线电定位系统。

07.125 中程定位系统 medium-range positioning system

作用距离约为 600 海里左右的无线电定位系统。

07.126 远程定位系统 long-range positioning system

作用距离约在 1 500 海里左右的无线电定位系统。

07.127 天文定位系统 astronomical positioning system

利用天体导航定位的系统。

07.128 罗兰－C 定位系统 Loran-C positioning system

一种较高精度的低频、远程、脉冲相位双曲线定位系统，同时也是一种较高精度的授时系统。

07.129 卫星－声学组合定位系统 satellite-acoustics integrated positioning system

将卫星接收机接口和声学定位系统接口与计算机连接，并相应连接其他定位设备所组成的定位系统。

07.130 卫星－惯导组合定位系统 satellite-inertial guidance integrated positioning system

将卫星接收机接口和惯导系统接口与计算机连接，并连接其他相应定位设备组成的定位系统。

07.131 水声定位系统 acoustic positioning system

由水下声标、船上的声学接收、发射设备组成的定位系统。

07.132 声速计 sound velocimeter

在海上测量声速的仪器。

07.133 海底声标 acoustic beacon on bottom

安置于海底的声学发射和接收的设备。

07.134 声学水位计 acoustic water level

应用空气声学回声测距原理，根据声管传输的声信号测量水位变化的仪器。

07.135 水声应答器 acoustic responder

即主动式水下声标，可接收船上声信号，并发射应答信号。

07.136 声呐 sonar

利用声波信号测量水中或水底物体存在、运动方向、位置及性质的设备。

07.137 侧扫声呐 side-scan sonar

主动声呐与航向正交的固定声束对海底扫描，并记录出海底形状的一种声呐设备。

07.138 多普勒声呐 Doppler sonar

利用水声学原理测量相对于海底或水团的多普勒频移的声呐。

07.139 相干声呐测深系统 interferometric seabed inspection sonar

利用多声极接收回波的振幅、时间和相位差来对海底各点准确定位，并快速采集和处理水深的宽条带测量系统。

07.140 海底图像系统 seafloor imaging system

由数字式侧扫声呐及浅地层剖面仪组合以提供真实比例海底图像数据的系统。

07.141　水声全息系统　acoustic holography system

利用水声学原理对局部海底地形进行全息"摄影"的系统。

07.142　水听器　hydrophorce

用于校准回声测深仪的一种器具。

07.143　测深仪　sounder

测量水深的仪器或装置。有声学、激光、压力、电磁式测深仪,以及纲缆等机械测深装置,较常用的是回声测深仪。

07.144　双频测深仪　dual-frequency sounder

具有高低两种频率可进行精密水深测量的仪器。

07.145　扫海测深仪　sweeping sounder

与船的首尾线相垂直方向上,按一定间距安装若干收发换能器对进行宽条带的水深测量的仪器。

07.146　多波束测深系统　multibeam sounding system

利用多波束原理进行海底测图和测量海底地貌的宽条带回声测深系统。

07.147　回声测深仪　echo sounder

根据超声波能在均匀介质中匀速直线传播,遇不同介质面产生反射的原理设计的一种测量水深的仪器。

07.148　水深数字化器　depth digitizer

将模拟水深转换到数字水深的设备。

07.149　激光测深仪　laser sounder

从空中发射激光脉冲记录海面和海底反射的时间差来测量水深的装置。

07.150　水深测量自动化系统　automatic hydrographic survey system

通过计算机控制自动完成海测数据采集、记录、导航,上、下测线等功能的系统。

07.151　浅地层剖面仪　sub-bottom profiler

观测水底以下浅层地质构造的仪器。原理与测深仪相同,只是采用的频率和发射功率不同。

07.152　声学多普勒海流剖面仪　acoustic Doppler current profiler, ADCP

通过测定声波入射到海水中微颗粒后散射在频率上的多普勒频移,得到不同水层水体的运动速度的仪器。

07.153　验潮仪　gauge meter

记录水位升降变化的仪器。

07.154　浮子验潮仪　float gauge

利用浮力原理以仪器的浮子升降指示潮高的一种验潮仪。

07.155　压力验潮仪　pressure gauge

利用水的静压力与水位变化成比例的原理测定潮高的仪器。

07.156　回声测冰仪　ice fathometer

测量冰层厚度的声学仪器。

07.157　水铊　lead

绳下系一铅锤的简易测深与探测海底表面底质的工具。

07.158　海底采样器　seabed sampler

采集海底表层泥沙等物质的器具。有重力式、抓斗式、箱式、活塞式和自返式等类型。

07.159　波浪补偿器　heave compensator

又称"涌浪滤波器"。测量并输出船舶受波浪影响而引起的纵倾、横摇、沉浮的仪器。

07.160　测深杆　sounding pole

一种利用标注刻度的杆体测量水深的工具。适用于浅水测量。杆体为木质或竹质,底部装有直径5~8cm的铁盘。

07.161　水位遥报仪　communication device of water level

安装有无线电发送机，能自动将水位升降变化实时发送到岸上台站的验潮仪。

07.162　水尺　tide staff

设立在岸边用以观测水面升降情况的各种标尺。

07.163　海流计　current meter

用于测量海流流速和流向的仪器。

07.164　测波仪　wave gauge

用于观测波浪时空分布特性的仪器。根据工作原理可分为视距测波仪、压力测波仪、声学测波仪、策略测波仪等类型。

07.165　扫海具　sweeper

由船只牵引进行扫海测量的机械式器具。分为软式扫海具和硬式扫海具两种。

07.166　拖鱼　towfish

由测量船牵引的测量仪器的传感器。例如侧扫声呐、海洋磁力仪的拖曳装置。

07.167　摄影测量仪器　photogrammetric instrument

按照摄影测量的要求，获取目标物影像信息或利用影像信息来测定目标物形状、大小、空间位置、性质和相关关系的测绘仪器。

07.168　立体测图仪　stereoplotter

用于观测立体像对构成的立体模型并进行测图或空中三角测量的摄影测量仪器。

07.169　模拟立体测图仪　analog stereoplotter

以摄影过程几何反转原理为基础，模拟摄影时空间光束的几何关系，建立与被摄物体相似的几何模型，并通过立体观测对模型进行立体量测的仪器。

07.170　精密立体测图仪　precision stereoplotter

用于观测立体像对组成的立体模型并进行测图或空中三角测量的高精度全能型立体测图仪器。

07.171　解析测图仪　analytical plotter

由计算机实时解析计算，伺服反馈系统实时控制像片盘运动，建立像点坐标与模型点坐标的数字投影关系，据此进行立体量测和测图，其图形数据可被记录、存储、处理或绘图输出的精密立体测图仪。

07.172　地面立体测图仪　terrestrial stereoplotter

结构采用平面型的机械投影，利用平面和高程交会杆确定出像点坐标的，用于地面立体摄影测量的测图仪。

07.173　数字摄影测量工作站　digital photogrammetric station

具有高精度、大容量、高处理速度、高显示分辨率、良好的用户界面、功能较强的支持局域网硬、软件及外围设备和用户开放系统的特性，按照摄影测量的原理，把数字影像或数字化影像作为输入，以交互或自动方式进行摄影测量处理和输出的计算机硬、软件系统。

07.174　判读仪　interpretoscope

用于对所获取的影像进行观察、分析和判读以及电子光学处理的仪器。

07.175　立体判读仪　stereointerpretoscope

利用体视效应对所获取的立体影像对进行目视观察、分析和判读的仪器。

07.176　坐标量测仪　coordinate measuring instrument

用于量测摄影像片上像点平面坐标的仪器。

07.177　立体坐标量测仪　stereocomparator

用于立体观察和量测立体像对同名点像平面直角坐标和坐标差的仪器。

07.178　极坐标缩放仪　polar pantograph

以极坐标方式将图形按比例放大或缩小的转绘仪器。

07.179 单片坐标量测仪 monocomparator
量测单张摄影像片上像点平面直角坐标的仪器。

07.180 多倍仪 multiplex
航摄像片按比例缩小的透明正片和投影器，根据光学投影和互补色原理模拟摄影光线束，通过定向，建立立体模型并进行量测和测图的立体测图仪。

07.181 纠正仪 rectifier, transformer
利用光学投影纠正的原理，将因像片倾斜和摄影时航高变化引起的影像变形或比例尺不一致的像片纠正为水平的或比例尺一致的像片的仪器。

07.182 正射投影仪 orthoscope
又称"缝隙纠正仪"。利用分带或微分纠正原理将中心投影像片变换为一定比例尺正射投影像片的仪器。

07.183 转绘仪 sketchmaster
将图像上识别、分类和判读出的内容和要素按规定的要求转绘到地图上的仪器。

07.184 转点仪 point transfer device
在立体观察情况下，以各种方式将外业控制点转刺在内业测图像片上或将内业所选加密控制点及其他各类控制点和公用点标刺在立体像对同名像点上的仪器。

07.185 缩小仪 photoreducer
通过光学方法将底片或像片按规定比例尺缩小，以制作原影像缩小负片、透明正片或纸质像片的一种摄影装置。

07.186 立体镜 stereoscope
观察立体像对时，帮助人们获得立体效应的简易光学观察装置。

07.187 雷达指向标 radar ramark
一种能连续发射无线电信号，并在雷达图像显示器上指示信号方向线的雷达信标台。

07.188 测高仪 altimeter
用于测量空间点位相对地面高度的仪器。

07.189 雷达测高仪 radar altimeter
以无线电波作载波的电磁波式测高仪。

07.190 激光测高仪 laser altimeter
以激光作载波的电磁波测高仪。

07.191 高差仪 statoscope
根据大气压力随高度变化规律制成的，用于航空摄影时测定相邻摄站之间航高差的灵敏气压计。

07.192 断面仪 profiler
由雷达或激光测高仪与高差仪组成，沿摄影基线记录高程点而获得地形剖面的航摄辅助仪器。

07.193 绘图机 plotter
将经处理和加工的信息以图解形式转换和绘制在介质上的图形输出设备。

07.194 激光绘图机 laser plotter
利用经调制的激光束，将图形图像数据转绘到感光胶片的绘图设备。

07.195 自动坐标展点仪 automatic coordinate plotter
在计算机控制下，将制图网交点、图廓点和测量控制点等的坐标按规定的比例尺自动展绘在图板上的仪器。

07.196 刻图仪 scriber
将地图内容各要素的图形刻绘在用于制作出版原图、涂有刻图膜层的透明片基上的专用工具。

07.197 复照仪 reproduction camera
将各种图片、像片等按一定比例进行复制摄影的专用照相设备。

07.198 电子印像机 electronic printer

利用飞点扫描器代替连续光源,透过底片对感光材料曝光并自动改善影像反差进行接触晒印的设备。

07.199 电子分色机 color scanner

利用光学、电子技术,通过分色扫描,对彩色原稿进行分色和校色,并得到分色底片的设备。

07.200 扫描仪 scanner

利用光电技术和数字处理技术,以扫描方式将图形或图像信息转换为数字信号的装置。

07.201 照相排字机 phototypesetter

以照相方法在感光材料上按规定要求复制文字、符号的设备。

07.202 激光照排机 image setter

在计算机上作编辑、排版处理后,由扫描激光束对感光材料曝光以获得图文版面的装置。

07.203 变线仪 variomat

一种不影响摄影底片上图形大小而能使线条宽度变化的投影光学仪器。

07.204 投影器 projector

由投影镜箱、支架和照明器组成,用于反光缩小或投影转绘,或用于多倍仪进行空中三角测量和测图的摄影测量光学投影装置。

07.205 相关器 correlator

根据影像相关理论,利用相关函数或相关系数判别自动立体测图仪上左右同名影像相似程度,自动消除 x、y 视差的装置。

07.206 数字化器 digitizer

通过采样和量化过程,把模拟信号转换为数字信号的装置。

07.207 照相制版镜头 printer lens, process lens

具有高分辨、大视场、小畸变、照度均匀特性的专用摄影镜头。

07.208 互补色镜 anaglyphoscope

镜片颜色为互补色,用于观察同一互补色构成的像对影像,获得立体模型的专用眼镜。

07.209 测标 [measuring] mark

立体摄影测量仪器中,用于量测立体模型时,相对于立体模型作三维浮游运动的量测标志。

07.210 水汽辐射仪 water vapor radiometer

测量大气水汽的无线电辐射仪。

07.211 线性调频脉冲 chirp

一种声呐图像信号处理技术。其原理是对发射的宽带调频(FM)脉冲,在相位和振幅等方面进行校正和补偿,并通过数字信号处理器进行处理,使换能器输入较小的峰值功率而得到较大的信噪比。

07.212 数字水准仪 digital level

应用影像相关技术测取标尺读数的水准仪。

07.213 脉冲测距仪 impulse distance meter

测量脉冲时间延迟获得距离的仪器。

07.214 手持激光测距仪 hand-held laser ranger

用手握着使用、操作简单的激光测距仪。多用于房屋面积测量。

07.215 激光投线仪 cross line laser

又称"激光标线仪","激光划线仪"。利用激光束通过柱透镜或玻璃棒形成扇形激光面,投射形成水平和/或铅垂激光线的仪器。多用于装修装潢等领域。

英 汉 索 引

A

alignment survey　定线测量　05.189
altimeter　测高仪　07.188
altitude angle　高度角　02.042
amplitude of partial tide　分潮振幅　06.108
anaglyphical stereoscopic viewing　互补色立体观察　03.152
anaglyphic map　互补色地图　04.084
anaglyphoscope　互补色镜　07.208
analog aerotriangulation　模拟空中三角测量　03.218
analog map　模拟地图　04.052
analog photogrammetric plotting　模拟法测图　03.201
analog photogrammetry　模拟摄影测量　03.284
analog stereoplotter　模拟立体测图仪　07.169
analysis of satellite resonance　卫星共振分析　02.269
analytical aerotriangulation　解析空中三角测量，*电算加密　03.233
analytical map　分析地图　04.060
analytical mapping　解析测图　03.248
analytical orientation　解析定向　03.247
analytical photogrammetry　解析摄影测量　03.285
analytical plotter　解析测图仪　07.171
analytical rectification　解析纠正　03.246
analytical solution of motion equation　运动方程分析解　02.266
analytic mapping control point　解析图根点　05.053
anchorage-prohibited area　禁[止抛]锚区　06.279
ancient map　古地图　04.038
angle closing error of traverse　导线角度闭合差　05.044
angular field of view　像场角　03.033
animated steering　动画引导　04.128
annotation　调绘　03.193
annual change of magnetic variation　年差　06.292
annual mean sea level　年平均海面　06.010
anomalous depth　异常水深　06.144
antenna height　天线高度　06.055
aperture　光圈，*有效孔径　03.031
apparent horizon　视地平线　03.126
applied cartography　实用地图学　04.003
approximate adjustment　近似平差　05.074
arbitrary central meridian　任意轴子午线　05.099
arbitrary projection　任意投影　04.158
arbitrary scale　任意比例尺　04.247
archaeological photogrammetry　考古摄影测量　03.298
architectural photogrammetry　建筑摄影测量　03.297
arc measurement　弧度测量　02.384
arc-to-chord correction in Gauss projection　高斯投影方向改正　02.092
area leveling　面水准测量　05.236
area method　范围法　04.196
area symbol　面状符号　04.205
arrowhead method　运动线法　04.193
artificial photogrammetric target　航测地面标志　03.466
artificial target　人工标志[点]　03.198
associative perception　整体感　04.129
assumed coordinate system　假定坐标系　05.101
assuring rate of depth datum　深度基准面保证率　06.095
astro-geodetic deflection of the vertical　天文大地垂线偏差　02.076
astro-geodetic network　国家天文大地网　02.011
astro-gravimetric leveling　天文重力水准　02.175
astrolabe　等高仪　07.041
astronomical almanac　天文年历　02.112
astronomical azimuth　天文方位角　02.119
astronomical coordinate measuring instrument　天文坐标量测仪　07.046
astronomical ephemeris　天文年历　02.112
astronomical latitude　天文纬度　02.117
astronomical leveling　天文水准　02.174
astronomical longitude　天文经度　02.116
astronomical point　天文点　02.096
astronomical positioning system　天文定位系统　07.127
astronomical theodolite　天文经纬仪　07.007
atlas　地图集　04.029
atlas information system　地图集信息系统　04.350
atmosphere zenith delay　大地天顶延迟　02.295
atmospherical propagation delay　大气传播延迟　02.363
atmospheric correction　大气改正，*气象改正　06.052
atmospheric drag perturbation　大气阻力摄动　02.263
atmospheric noise　大气噪声　03.315
atmospheric remote sensing　大气遥感　03.456
atmospheric transmissivity　大气透过率　03.314
atmospheric window　大气窗　03.313
atomic clock　原子钟　07.049
attitude　姿态　03.144
attitude measurement　姿态测量　02.423
attitude-measuring sensor　姿态测量遥感器　03.358
attitude parameter　姿态参数　03.145

attribute accuracy 属性精度 04.284
autocollimating eyepiece 自准直目镜 07.063
autokinetic effect 动感 04.127
automatic cartography 自动化地图制图 04.024
automatic coordinate plotter 自动坐标展点仪 07.195
automatic hydrographic survey system 水深测量自动化系统 07.150
automatic interpretation 自动判读 03.510
automatic level 自动安平水准仪 07.026
automatic plotting 自动绘图 04.286
automatic triangulation 自动空中三角测量 03.237
average error 平均误差 02.317
azimuthal projection 方位投影 04.159
azimuth of photograph 像片方位角 03.140

B

ballistic camera 弹道摄影机 03.015
ballistic photogrammetry 弹道摄影测量 03.293
base-color enhancement 底色增益 04.140
base-color removal 底色去除 04.139
base-height ratio 基－高比 03.084
base line 基线 02.034
base line measurement 基线测量 02.035
base line network 基线网 02.036
base map of topography 地形底图 05.098
base station 岸台，＊固定台 06.035
basic gravimetric point 基本重力点 02.184
basic scale 基本比例尺 01.048
bathymetric chart 海底地形图 06.209
bathymetric model 海底地形模型 06.173
bathymetric survey 海底地形测量 06.156
bathymetry 水深测量 06.071，海底地形测量 06.156
Bayesian classification 贝叶斯分类 03.432
beam angle 波束角 06.130
beam grazing angle 波束掠射角 06.132
beam incident angle 波束入射角 06.133
beam spacing 波束间角 06.131
Beijing Geodetic Coordinate System 1954 1954 北京坐标系 01.018
benchmark 水准点 02.054
Bessel ellipsoid 贝塞尔椭球 02.013
Bessel formula for solution of geodetic problem 贝塞尔大地主题解算公式 02.084
between-the-lens shutter 中心式快门 03.027
BIH 国际时间局 02.382
binary image 二值图像 03.396
biomass index transformation 生物量指标变换 03.407
biomedical photogrammetry 生物医学摄影测量 03.299
bird's eye view map 鸟瞰图 04.078
Bjerhammar problem 布耶哈马问题 02.166
black-and-white film 黑白片 03.049
black-and-white photography 黑白摄影 03.060
blinking method of stereoscopic viewing 闪闭法立体观察 03.154
block adjustment 区域网平差 03.240
block adjustment with strip method 航带法区域网平差 03.470
block correction 块改正 06.230
block diagram 块状图 04.206
blue key 蓝底图 04.317
body-fixed coordinate system 地固坐标系 02.242
bore-hole position survey 钻孔位置测量 05.114
bottom characteristics 底质 06.262
bottom characteristics exploration 底质调查 06.147
bottom characteristics sampling 底质采样 06.148
bottom sediment chart 底质分布图 06.214
Bouguer anomaly 布格异常 02.212
Bouguer correction 布格改正 02.210
boundary mark 界址点 05.281
boundary point 界址点 05.281
boundary survey 勘界 05.312
box classification method 盒式分类法 03.428
breaker 浪花 06.286
breakthrough survey 贯通测量 05.166
bridge axis location 桥梁轴线测设 05.243
bridge construction control survey 桥梁控制测量 05.242
bridge survey 桥梁测量 05.240
bridging of model 模型连接 03.214
broadcast ephemeris 广播星历 02.291
Bruns formula 布隆斯公式 02.167
bubble 水准器 07.069
buffer 缓冲区 04.364
buffer analysis 缓冲区分析 04.365

building axis survey 建筑轴线测量 05.199
building engineering survey 建筑工程测量 05.187
building subsidence mornitoring 建筑物沉降观测 05.200
bundle aerial triangulation 光束法空中三角测量 03.236
bundle block adjustment 光束法区域网平差 03.471
Bureau International de I'Heure 国际时间局 02.382

C

CAC 机助地图制图 01.043
C/A code 粗码 02.286
cadastral information 地籍信息 05.282
cadastral information system 地籍信息系统 05.283
cadastral list 地籍册 05.263
cadastral management 地籍管理 05.265
cadastral map 地籍图 05.262
cadastral mapping 地籍制图 04.022
cadastral revision 地籍修测 05.270
cadastral survey 地籍测量 05.261
cadastre 地籍 05.259
calibration field for aerial photogrammetric camara 航摄检校场 03.479
camera calibration 摄影机检校 03.021
camera station 摄站 03.072
carrier phase measurement 载波相位测量 02.283
cartodiagram method 分区统计图表法 04.199
cartogram method 分区统计图法，*等值区域法 04.201
cartographic analysis 地图分析 04.013
cartographic classification 地图分类 04.026
cartographic communication 地图传输 04.008
cartographic database 地图数据库 01.067
cartographic document 制图资料 04.234
cartographic exaggeration 制图夸大 04.152
cartographic expert system 制图专家系统 04.348
cartographic generalization 制图综合 04.148
cartographic hierarchy 制图分级 04.149
cartographic information 地图信息 04.007
cartographic information system 地图信息系统 04.349
cartographic language 地图语言 04.143
cartographic methodology 地图研究法 04.147
cartographic model 地图模型 04.010
cartographic organization 地图内容结构 04.114
cartographic potential information 地图潜信息 04.276
cartographic pragmatics 地图语用 04.146
cartographic presentation 地图表示法 04.183
cartographic selection 制图选取 04.150
cartographic semantics 地图语义 04.145
cartographic semiology 地图符号学 04.011
cartographic simplification 制图简化 04.151
cartographic software 地图制图软件 04.246
cartographic syntactics 地图语法 04.144
cartography 地图学 04.001
cartometry 地图量算法 04.016
catchment area survey 汇水面积测量 05.220
CCD 电荷耦合器件 07.096
CCD camera CCD 摄影机 03.012
celestial coordinate system 天球坐标系 02.240
cell 格网单元 04.226
centering rod 对中杆 07.083
center line stake 中线桩 05.226
center line survey 线路中线测量 05.232
céntral meridian 中央子午线 02.088
centrifugal force 离心力 02.139
centring under point 点下对中 05.153
CGSC 中国大地测量星表 02.115
Chandler wobble 钱德勒摆动 02.118
channel 航道 06.283
characteristic of light 灯质，*灯标性质 06.267
characteristics of atmospheric transmission 大气传输特性 03.316
charge-coupled device 电荷耦合器件 07.096
charge-coupled device camera CCD 摄影机 03.012
chart 海图 06.185
chart boarder 海图图廓 06.246
chart cell 海图单元 06.229
chart compilation 海图编制 06.239
chart correction 海图改正 06.295
chart database 海图数据库 06.234
chart datum 海图基准面 06.089
charting 海图制图 06.184
chart large correction 海图大改正 06.297
chart numbering 海图编号 06.241

chart of marine gravity anomaly　海洋重力异常图　06.216
chart projection　海图投影　06.243
chart scale　海图比例尺　06.242
chart small correction　海图小改正　06.296
chart subdivision　海图分幅　06.240
chart title　海图标题　06.293
Chasles theorem　透视旋转定律　03.189
check station　监测台，＊检查台　06.038
Chinese geodetic Coordinate System 2000　2000 国家大地坐标系　01.021
Chinese Geodetic Stars Catalogue　中国大地测量星表　02.115
Chinese Society of Geodesy, Photogrammetry and Cartography　中国测绘学会　01.076
chirp　线性调频脉冲　07.211
chord off-set method　弦线支距法　05.235
chorisogram method　分区统计图表法　04.199
choroplethic map　等值区域图，＊分区量值地图　04.055
choroplethic method　分区统计图法，＊等值区域法　04.201
CIO　国际协议原点　02.104
circle　度盘　07.067
circular curve location　圆曲线测设　05.229
CIS　地图信息系统　04.349
Clairaut theorem　克莱罗定理　02.160
classifier　分类器　03.425
clearance limit survey　净空区测量　05.288
clinometer　倾斜仪　07.061
clip　剪辑，＊剪截　04.279
clock bias　钟差　02.420
clock frequency　时钟频率　07.098
clock offset　钟偏　02.284
clock rate　钟速　02.285
closed leveling line　闭合水准路线　05.065
closed traverse　闭合导线　05.027
close-range photogrammetry　近景摄影测量　03.290
closing error　闭合差　02.306
closing error in coordinate increment　坐标增量闭合差　05.055
closure　闭合差　02.306
cluster analysis　聚类分析　03.512
coarse /acquisition code　粗码　02.286
coast　海岸　06.251
coast chart　海岸图　06.189
coast line　海岸线　06.252
coast topographic survey　海岸地形测量　06.070
coastwise survey　沿岸测量　06.065
coefficient of sectorial harmonics　扇谐系数　02.158
coefficient of tesseral harmonics　田谐系数　02.159
coefficient of zonal harmonics　带谐系数　02.157
cognitive mapping　认知制图　04.019
collimation line method　视准线法　05.210
collinearity equation　共线方程　03.228
color chart　地图色标　04.323
color coding　彩色编码　03.390
color coordinate system　彩色坐标系　03.392
color enhancement　彩色增强　03.417
color film　彩色片　03.050
color infrared film　彩色红外片，＊假彩色片　03.052
color management system　色彩管理系统　04.351
color manuscript　彩色样图　04.320
color photography　彩色摄影　03.061
color proof　彩色校样　04.305
color reproduction　彩色复制　04.325
color scanner　电子分色机　07.199
color sensitive material　彩色感光材料　03.055
color separated script　分色参考图　04.319
color separation　分色　04.318
color space　颜色空间　04.296
color transformation　彩色变换　03.400
color wheel　色环　04.328
combined adjustment　联合平差　03.242
communication device of water level　水位遥报仪　07.161
comparative cartography　比较地图学　04.005
comparison survey　联测比对　06.048
comparison with adjacent chart　邻图拼接比对　06.146
Compass　北斗卫星导航系统　02.425
compass　罗盘仪　07.020
compass adjustment beacon　罗经[校正]标　06.177
compass course　[磁]罗经航向　06.176
compass rose　方位圈　06.290
compass survey　罗盘仪测量　05.248
compass theodolite　罗盘经纬仪　07.011
compensating error of compensator　补偿器补偿误差　07.110

compensation of undulation 波浪补偿 06.124
compensator 补偿器 07.068
compensator level 自动安平水准仪 07.026
compilation 编绘 04.215
compiled original 编绘原图 04.218
comprehensive atlas 综合地图集 04.093
comprehensive map 综合地图 04.061
computer-aided cartography 机助地图制图 01.043
computer-aided mapping 机助测图 03.250
computer-assisted cartography 机助地图制图 01.043
computer-assisted classification 机助分类 03.433
computer-assisted plotting 机助测图 03.250
computer cartographic generalization 计算机制图综合 04.025
computer vision 计算机视觉 03.302
condition adjustment 条件平差 02.337
condition adjustment with parameters 附参数条件平差 02.338
condition equation 条件方程 02.339
condition of intersection 交线条件，＊向甫鲁条件，＊恰普斯基条件 03.188
confidence 置信度 01.059
conformal projection 等角投影，＊正形投影 04.155
conic projection 圆锥投影 04.161
connecting leveling line 附合水准路线 05.064
connecting traverse 附合导线 05.028
connection point 定向连接点 05.137
connection point for orientation 定向连接点 05.137
connection surveying 联系测量 05.134
connection survey in mining panel 采区联系测量 05.155
connection triangle method 联系三角形法 05.142
Consol chart 康索尔海图 06.198
constant error 固定误差 07.101
constituent 分潮 06.107
construction control network 施工控制网 05.080
construction survey 施工测量 05.084
construction survey for shaft sinking 凿井施工测量 05.162
contact printing 接触印刷 04.292
contact screen 接触网屏 04.338
continental shelf topographic survey 大陆架地形测量 06.157
continuous coverage 连续覆盖 04.376
continuously operating reference stations 连续运行基准站 02.393
continuous mode 连续方式 04.253
continuous strip camera 条幅[航带]摄影机 03.011
continuous tone 连续调 04.336
contour 等高线 01.049
contour interval 等高距 01.050
contour prism 等高棱镜 07.077
contrast 反差 03.094
contrast coefficient 反差系数 03.095
contrast enhancement 反差增强 03.413
control network for deformation monitoring 变形监测控制网 05.082
control point 控制点 05.006
control point near shaft 近井点 05.113
control strip 骨架航线，＊构架航线 03.087，测控条 04.310
control survey 控制测量 05.010
control survey of mining area 矿区控制测量 05.133
Conventional International Origin 国际协议原点 02.104
conventional name 惯用名 04.237
convergent photography 交向摄影 03.281
coordinate cadastre 坐标地籍 05.268
coordinated universal time 协调世界时 02.111
coordinate grid 坐标格网 01.038
coordinate measuring instrument 坐标量测仪 07.176
coordinate system of the pole 地极坐标系 02.105
coplanarity equation 共面方程 03.229
correction for deflection of the vertical 垂线偏差改正 02.078
correction for earth's curvature 地球曲率改正 02.366
correction for radio wave propagation of time signal 电磁波传播[时延]改正 02.130
correction for scale difference 挡差改正 06.123
correction for skew normal 标高差改正 02.079
correction for transducer draft 换能器吃水改正 06.125
correction from normal section to geodesic 截面差改正 02.080
correction of gravity measurement for tide 重力潮汐改正 02.193
correction of sounding 测深改正 06.117
correction of sound velocity 声速改正 06.121
correction of transducer baseline 换能器基线改正 06.129

D

02.357
differential GPS　差分 GPS　02.197
differential method of photogrammetric mapping　分工法测图，＊微分法测图　03.172
differential positioning　差分[法]定位　06.024
differential rectification　微分纠正　03.252
diffusion transfer　扩散转印　04.314
digital cadastral database　数字地籍数据库　01.069
digital cartographic data standard　数字制图数据标准　04.245
digital cartography　数字地图学　04.244
digital chart　数字海图　06.228
digital close-range photogrammtry　数字近景摄影测量　03.443
digital correlation　数字相关　03.269
digital elevation model　数字高程模型　03.275
digital file　数字化文件　04.266
digital graphic processing　数字图形处理　04.270
digital image　数字影像　03.104
digital image processing　数字图像处理　03.373
digital level　数字水准仪　07.212
digital line graph　数字矢量地图，＊数字线划地图　04.383
digital map　数字地图　04.079
digital mapping　数字测图　03.262
digital mosaic　数字镶嵌　03.264
digital orthophoto　数字正射影像　03.254
digital orthophoto map　数字正射影像图　03.257
digital photogrammetric station　数字摄影测量工作站　07.173
digital photogrammetry　数字摄影测量　03.286
digital photogrammetry system　数字摄影测量系统　03.444
digital raster graph　数字栅格地图　04.384
digital rectification　数字纠正　03.263
digital surface model　数字表面模型　03.276
digital terrain model　数字地面模型　01.034
digital tracing table　数控绘图桌　03.249
digitized image　数字化影像　03.105
digitized mapping　数字化测图　01.090
digitizer　数字化器　07.206
digitizing by scanning method　扫描数字化　04.261
digitizing by tracing method　跟踪数字化　04.251
dilution of precision　精度因子　02.330
directional antenna　定向天线　07.091
direction-connecting traverse　方向附合导线　05.150
directivity of antenna　天线方向性　06.054
direct linear transformation　直接线性变换　03.291
direct plummet observation　正锤[线]观测，＊正锤法　05.213
direct scheme of digital rectification　直接法纠正　03.384
direct solution of geodetic problem　大地主题正解　02.081
discolored water　变色海水　06.287
discrepancy between twice collimation error　二倍照准部互差，＊二倍照准差　07.112
discrete coverage　离散覆盖　04.375
displacement observation　位移观测　05.103
displacement of image　像点位移　03.128
distance correction in Gauss projection　高斯投影距离改正　02.091
distance decision function　距离判决函数　03.423
distance measurement　距离测量　05.033
distance-measuring error　测距误差　07.117
distance meter　双色激光测距仪　07.036
distance theodolite　测距经纬仪　07.015
distortion isograms　等变形线　04.181
distortion of projection　投影变形　04.179
distributed geographic information system　分布式地理信息系统　04.361
disturbed orbit　受摄轨道　02.250
disturbing force　摄动力　02.257
disturbing function　摄动函数　02.259
disturbing gravity　扰动重力　02.396
disturbing potential　扰动位　02.145
diurnal tidal harbor　日潮港　06.104
DLG　数字矢量地图，＊数字线划地图　04.383
DLT　直接线性变换　03.291
DOM　数字正射影像图　03.257
Doodson constant　杜德森常数　02.231
DOP　精度因子　02.330
Doppler count　多普勒计数　02.290
Doppler Orbitograph and Radio Positioning Intergrated by Satellite　多里斯系统　02.188
Doppler point positioning　多普勒单点定位　02.279
Doppler positioning by the short arc method　多普勒短弧法定位　02.281
Doppler sonar　多普勒声呐　07.138

Doppler translocation 多普勒联测定位 02.280
DORIS 多里斯系统 02.188
dot method 点值法 04.194
dots 网点 04.339
double difference phase observation 双差相位观测 02.203
drainage map 水系图 05.222
dredged area 疏浚区 06.277
DRG 数字栅格地图 04.384
driving direction guided by laser 激光指向仪给向 05.164
drying height 干出高度 06.256
dry shoal 干出滩 06.254
DSM 数字表面模型 03.276
DTM 数字地面模型 01.034
dual-frequency sounder 双频测深仪 07.144
dye line proof 彩色线划校样 04.309
dynamic ellipticity of the earth 地球动力扁率 02.235
dynamic factor of the earth 地球动力因子 02.236
dynamic geodesy 动力大地测量学 02.007
dynamic height 力高 02.052
dynamic landscape simulation 动态地景仿真 04.260
dynamic map 动态地图 04.073
dynamic monitoring 动态监测 05.306
dynamic sensor 动态遥感器 03.351
dynamic variable 动态变量 04.126

E

earth ellipsoid 地球椭球 01.010
earth-fixed coordinate system 地固坐标系 02.242
earth's gravity field 地球重力场 02.367
earth gravity model 地球重力场模型 02.155
earth orientation parameter 地球定向参数 02.248
earth resources technology satellite 地球资源卫星 03.343
earth rotation parameter 地球自转参数 02.106
earth shape 地球形状 01.006
eccentricity of ellipsoid 椭球偏心率 02.059
ECDIS 电子海图显示信息系统 06.232
echo signal of sounder 测深仪回波信号 06.137
echo sounder 回声测深仪 07.147
echo sounding 回声测深 06.074
eclipse 灯光遮蔽 06.270
economic map 经济地图 04.035
edge detection 边缘检测 03.412
edge enhancement 边缘增强 03.411
edge extraction 边缘提取 03.495
edge matching 图幅接边 04.229
EDM 电磁波测距 05.034
EDM instrument 电子测距仪 07.034
EDM traverse 光电测距导线 05.035
electromagnetic distance measurement 电磁波测距 05.034
electromagnetic distance meter 电子测距仪 07.034
electronic atlas 电子地图集 04.094
electronic chart 电子海图 06.231
electronic chart display and information system 电子海图显示信息系统 06.232
electronic correlation 电子相关 03.268
electronic distance meter 电子测距仪 07.034
electronic level 电子水准仪 07.023
electronic map 电子地图 04.081
electronic navigational chart 电子航海图 06.233
electronic plane-table 电子平板仪 07.031
electronic planimeter 电子求积仪 07.033
electronic printer 电子印像机 07.198
electronic publishing system 电子出版系统 04.352
electronic stadia instrument 电子速测仪，* 全站仪 07.016
electronic tacheometer 电子速测仪，* 全站仪 07.016
electronic tachymeter total station 电子速测仪，* 全站仪 07.016
electronic theodolite 电子经纬仪 07.004
electro-optical distance meter 光电测距仪 07.035
element of centring 归心元素 02.031
element of exterior orientation 像片外方位元素 03.142
element of interior orientation 像片内方位元素 03.141
element of rectification 纠正元素 03.186
elements of absolute orientation 绝对定向元素 03.168
elements of exterior orientation 外方位元素 03.483
elements of interior orientation 内方位元素 03.482
elements of relative orientation 相对定向元素 03.167
elevation angle 高度角 02.042
elevation mask 截止高度角 02.388

elevation of sight 视线高程 05.067
elevation point 高程点 05.050
elevation point by independent intersection 独立交会高程点 05.070
ellipsoidal geodesy 椭球面大地测量学 02.002
ellipsoidal height 大地高 02.074
embedded geographic information system 嵌入式地理信息系统 04.377
ENC 电子航海图 06.233
end overlap 航向重叠 03.085
engineering control network 工程控制网 05.079
engineering photogrammetry 工程摄影测量 03.294
engineering surveying 工程测量学 05.001
engineering survey of missile test site 导弹试验场工程测量 05.290
engineer's level 工程水准仪 07.025
engineer's theodolite 工程经纬仪 07.006
environmental map 环境地图 04.046
environmental remote sensing 环境遥感 03.457
environmental survey satellite 环境探测卫星 03.344
EOP 地球定向参数 02.248
Eötvös effect 厄特沃什效应 06.160
epipolar correlation 核线相关 03.270
epipolar geometry 核面几何 03.454
epipolar image 核线影像 03.476
epipolar line 核线 03.134
epipolar plane 核面 03.133
epipolar ray 核线 03.134
epipole 核点 03.132
epoch of partial tide 分潮迟角 06.109
equal-altitude method of multi-star 多星等高法 02.124
equally tilted photography 等倾摄影 03.282
equal value gray scale 等值灰度尺 04.334
equation of LOP 位置线方程 06.027
equation of satellite motion 卫星运动方程 02.256
equiaccuracy chart 等精度[曲线]图 06.034
equiangular positioning grid 等角定位格网 06.030
equidistant projection 等距投影 04.157
equilibrium tide 平衡潮 02.227
equilong circle arc grid 等距圆弧格网 06.033
equivalent projection 等积投影 04.156
ERP 地球自转参数 02.106
error ellipse 误差椭圆 02.310
error of focusing 调焦误差 07.113
error of pivot 轴颈误差 02.131
error test 误差检验 02.331
ERS 欧洲遥感卫星 02.254
ERTS 地球资源卫星 03.343
Europe Remote Sensing Satellite 欧洲遥感卫星 02.254
exchanging document of mining survey 矿山测量交换图 05.181
exposure 曝光 03.088
exposure station 摄站 03.072
extensional organization 整体结构 04.116
extensometer 伸缩仪 07.062
exterior orientation 外部定向 03.164
extra contour 助曲线, *辅助等高线 04.187
extragalactic compact radio source 河外致密射电源, *类星体 02.294

F

fair drawing 清绘 04.214
fairway 航道 06.283
false color composite 假彩色合成 03.383
false color film 彩色红外片, *假彩色片 03.052
false color image 假彩色图像 03.402
false color photography 假彩色摄影 03.062
fan width 扇区开角 06.134
fault dislocation surveying 断层位错测量 02.371
Faye correction 法伊改正 02.207
feature 特征 03.419
feature code 特征码 04.264
feature code menu 特征码清单 04.265
feature coding 特征编码 03.422
feature extraction 特征提取 03.420
feature selection 特征选择 03.421
Fédération Internationale des Géomètres 国际测量师联合会 01.078
Ferrero's formula 菲列罗公式 02.027
F-G discrimination 图形-背景辨别 04.112
fictitious graticule 经纬[线]网 04.396
fiducial mark 框标 03.023
field geological map 野外地质图 05.124

field mapping　野外填图　04.020
Fifth Fundamental Catalogue　FK_5 星表　02.114
FIG　国际测量师联合会　01.078
figure-ground discrimination　图形－背景辨别　04.112
figure of the earth　地球形状　01.006
final original　出版原图　04.219
fishing chart　渔业用图　06.204
fissure observation　裂缝观测　05.104
fixed error　固定误差　07.101
fixed mean pole　固定平极　02.102
fixed phase drift　固定相移　06.047
fixing　定影　03.091
FK_4　FK_4 星表　02.113
FK_5　FK_5 星表　02.114
flap　分版原图　04.220
flashing rhythm of light　灯光节奏　06.268
flattening of ellipsoid　椭球扁率　02.058
flight block　摄影分区　03.074
flight height　航高　03.081
flight line of aerial photography　摄影航线　03.073
flight plan of aerial photography　航摄计划　03.079
float gauge　浮子验潮仪　07.154
floor station　底板测点　05.152
fluorescent map　荧光地图　04.076
flying height　航高　03.081
f-number　光圈号数　03.032
focal length　焦距　03.025
focal plane shutter　帘幕式快门，＊焦面快门　03.028
footage measurement of workings　巷道验收测量　05.165
forbidden zone boundary line　禁区界线　06.276
fore-and-aft overlap　航向重叠　03.085
forest basic map　林业基本图　05.246
forest distribution map　森林分布图　05.247
forest survey　林业测量　05.245
[forward] intersection　前方交会　05.056
forward overlap　航向重叠　03.085
four color printing　四色印刷　04.293
Fourth Fundamental Catalogue　FK_4 星表　02.113
frame camera　框幅摄影机　03.010
free-air anomaly　空间异常　02.213
free-air correction　空间改正　02.195
frequency drift　频漂　02.289
frequency error　频率误差　07.116
frequency offset　频偏　02.288
front view　对景图　06.289
fundamental gravity differential equation　重力基本微分方程　02.422
fuzzy classification method　模糊分类法　03.429
fuzzy image　模糊影像　03.331

G

Galileo satellite navigation system　伽利略卫星导航系统　02.374
gauge meter　验潮仪　07.153
Gauss grid convergence　高斯平面子午线收敛角　02.090
Gauss-Krüger projection　高斯－克吕格投影　02.085
Gauss midlatitude formula　高斯中纬度公式　02.083
Gauss plane coordinate system　高斯平面坐标系　02.094
gazetteer　地名录　04.243
GDOP　几何精度衰减因子　02.385
GEBCO　大洋地势图　06.210
general atlas　普通地图集　04.091
general bathymetric chart of the oceans　大洋地势图　06.210
general chart　普通海图　06.207
general chart of the sea　海区总图　06.187
general map　普通地图　04.027
general surveying system　综合测绘系统　07.123
geocentric coordinate system　地心坐标系　01.009
geocentric gravitational constant　地心引力常数　02.153
geocentric latitude　地心纬度　02.245
geocentric longitude　地心经度　02.244
geodesic　大地线　02.069
geodesy　大地测量学　01.005
geodetic astronomy　大地天文学　02.003
geodetic azimuth　大地方位角　02.075
geodetic boundary value problem　大地测量边值问题　02.161
geodetic coordinate　大地坐标　02.071
geodetic coordinate system　大地坐标系　02.001
geodetic database　大地测量数据库　01.063
geodetic datum　大地基准　01.015，大地测量基准

02.362
geodetic height 大地高 02.074
geodetic instrument 大地测量仪器 07.001
geodetic inversion 大地测量反演 02.361
geodetic latitude 大地纬度 02.073
geodetic longitude 大地经度 02.072
geodetic network 大地网 02.010
geodetic origin 大地原点 01.011
geodetic reference system 大地测量参考系 02.152
geographical general name 地名通名 04.240
geographical name 地名 01.046
geographical name index 地名索引 04.242
geographical name transcription 地名转译 04.241
geographical name transliteration 地名转译 04.241
geographical viewing distance 地理视距 06.056
geographic coordinate 地理坐标 01.037
geographic feature 地理要素 04.357
geographic grid 地理格网 04.225
geographic information communication 地理信息传输 04.258
geographic information system 地理信息系统 01.061
geoid 大地水准面 02.169
geoidal height 大地水准面高 02.172
geoidal undulation 大地水准面高 02.172
geo-information tupu 地学信息图谱 04.360
geological interpretation of photograph 像片地质判读，＊像片地质解译 05.126
geological photomap 影像地质图 05.125
geological point survey 地质点测量 05.112
geological profile survey 地质剖面测量 05.115
geological remote sensing 地质遥感 03.458
geological scheme 地质略图 05.123
geological section map 地质剖面图 05.121
geological survey 地质测量 05.108
geomatics 地球空间信息学 01.086
geometric condition 几何条件 03.185
geometric correction 几何校正 03.377
geometric dilution of precision 几何精度衰减因子 02.385
geometric model 几何模型 03.210
geometric orientation 几何定向 05.136
geometric rectification 几何校正 03.377
geometric rectification of imagery 图像几何纠正 03.380
geometric registration of imagery 图像几何配准 03.379
geometrisation of ore body 矿体几何制图 05.168
geomorphological map 地貌图 04.043
geopotential 地球位，＊大地位 02.144
geopotential number 地球位数 02.048
geoscience laser altimeter system 地球科学激光测高系统 02.365
geospatial data 地理空间数据 04.356
geo-spatial information 地理空间信息 01.085
geo-spatial information science 地球空间信息学 01.086
geostationary satellite 地球同步卫星 03.345
geo-synchronous satellite 地球同步卫星 03.345
GGOS 全球大地测量观测系统 02.394
GIS 地理信息系统 01.061
GLAS 地球科学激光测高系统 02.365
global geodetic observing system 全球大地测量观测系统 02.394
global navigation satellite system 格洛纳斯导航卫星系统 02.185
global navigation satellite system 全球导航卫星系统 01.026
global positioning system 全球定位系统 02.395
globe 地球仪 04.009
GLONASS 格洛纳斯导航卫星系统 02.185
GLONASS receiver GLONASS 接收机 07.040
gnomonic projection 球心投影，＊日晷投影，＊大环投影 04.163
GNSS 全球导航卫星系统 01.026
GPS 全球定位系统 02.395
GPS aerotriangulation GPS 空中三角测量 03.239
GPS leveling GPS 水准 02.354
GPS receiver GPS 接收机 07.039
grade location 坡度测设 05.238
gradient measurement 梯度测量 02.429
gradiometer 重力梯度仪 07.058
gradiometry 重力梯度测量 02.181
graduation of tints 分层设色表 04.190
graph 图形 01.033
graphical rectification 图解纠正 03.179
graphic element 图形元素 04.262
graphic mapping control point 图解图根点 05.052
graphic sign 图形记号 04.141
graphic symbol 图形符号 04.142
grating 光栅 07.090

gravimeter 重力仪 07.050
gravimetric baseline 重力基线 02.182
gravimetric database 重力数据库 01.064
gravimetric deflection of the vertical 重力垂线偏差 02.077
gravimetric point 重力点 02.183
gravitation 引力 02.138
gravitational potential 引力位 02.140
gravity 重力 02.134
gravity anomaly 重力异常 02.211
gravity datum 重力基准 01.007
gravity field 重力场 01.008
gravity flattening 重力扁率 02.421
gravity gradient measurement 重力梯度测量 02.181
gravity measurement 重力测量 02.176
gravity observation of Earth tide 重力固体潮观测 02.220
gravity potential 重力位 02.133
gravity reduction 重力归算 02.194
great circle sailing chart 大圆航线图 06.193
grey wedge 灰楔 03.114
grid bearing 坐标方位角 02.095
grid geographic information system 网格地理信息系统 04.388
grid GIS 网格地理信息系统 04.388
grid map 格网地图 04.051
grid method 网格法 04.202
grid of neighboring zone 邻带方里网 04.224
grid structure 格网结构 04.268
gross error 粗差 01.057
gross error detection 粗差检测 03.244
ground-based system 地基系统 02.186
ground nadir point 地底点 03.119
ground receiving station 地面接收站 03.329
ground sample distance 地面采样距离 03.099
ground tilt measurement 地倾斜观测 02.221
ground truth 地面实况 03.376
Gruber point 标准配置点 03.161
GSD 地面采样距离 03.099
gyro azimuth 陀螺方位角 05.145
gyrophic EDM traverse 陀螺定向光电测距导线 05.149
gyrostatic orientation survey 陀螺仪定向测量 05.143
gyro-azimuth theodolite 陀螺经纬仪 07.008
gyrotheodolite 陀螺经纬仪 07.008

H

hachuring 晕滃法 04.192
Hadamard transformation 阿达马变换 03.404
hair-pin curve location 回头曲线测设 05.231
half-interval contour 间曲线 04.186
halftone 半色调 04.335
hand-held laser ranger 手持激光测距仪 07.214
hand-held level 手持水准仪 07.029
harbor/anchorage atlas 港湾锚地图集 06.225
harbor chart 港湾图 06.190
harbor dredge survey 港口疏浚测量 06.063
harbor engineering survey 港口工程测量 05.221
harbor survey 港湾测量 06.062
Hayford ellipsoid 海福德椭球 02.017
HDOP 水平精度衰减因子 02.403
heading 艏向 06.178
heave compensation 波浪补偿 06.124
heave compensator 波浪补偿器，＊涌浪滤波器 07.159
height 高程 02.049
height above the mean sea level 海拔 01.025
height anomaly 高程异常 02.173
height datum 高程基准 01.017
height displacement 高差位移 03.129
height of light 灯高 06.272
height system 高程系统 01.022
height traverse 高程导线 05.068
helios 回照器 07.076
helioscope 回照器 07.076
hierarchical organization 等级结构 04.115
hill shading 晕渲法 04.191
histogram equalization 直方图均衡 03.397
histogram specification 直方图规格化 03.398
historic map 历史地图 04.037
holing through survey 贯通测量 05.166
hologrammetry 全息摄影测量 03.287
hologram photography 全息摄影 03.064
holography 全息摄影 03.064
homeotheric map 组合地图 04.048

homologous image points　同名像点　03.160
horizon camera　地平线摄影机　03.019
horizon photograph　地平线像片　03.102
horizontal angle　水平角　05.020
horizontal coordinate　平面坐标　05.009
horizontal dilution of precision　水平精度衰减因子　02.403
horizontal gradient of gravity　重力水平梯度　02.216
horizontal parallax　左右视差　03.158
horizontal refraction error　水平折光差　02.033
horizon trace　像地平线，*合线　03.127
Huang Hai mean sea level　1956 黄海平均海[水]面　01.024
hue　色相　04.327
human map　人文地图　04.033
hybrid pixel　混合像素　03.481
hydro-engineering survey　水利工程测量　05.208
hydrographic control point　海控点　06.060
hydrographic information system　海洋测量信息系统　06.172
hydrographic survey　海道测量，*水道测量　06.059
hydrography and nautical cartography　海洋测绘学　01.072
hydrograpic surveying and charting database　海洋测绘数据库　01.071
hydrologic feature　水文要素　06.285
hydrometry　水文观测，*水文测验　06.149
hydrophorce　水听器　07.142
hyperbolic navigation chart　双曲线导航图　06.195
hyperbolic positioning　双曲线定位，*测距差定位　06.022
hyperbolic positioning grid　双曲线格网　06.032
hyperfocal distance　超焦点距离　03.030
hypergraph data structure　超图数据结构　04.354
hypsometric layer　分层设色法　04.189
hypsometric map　地势图　04.042

I

IAG　国际大地测量协会　01.080
ICA　国际制图协会　01.082
ice fathometer　回声测冰仪　07.156
icon informatics　影像信息学　03.501
ICRF　国际天球参考框架　02.015
identification code　识别码　04.263
IERRSS　国际地球自转和参考系服务　02.381
IERS　国际地球自转服务局　02.014
IFOV　瞬时视场　03.034
IGS　国际 GNSS 服务　02.379
IGSN 1971　1971 国际重力基准网　02.349
IHO　国际海道测量组织　01.084
illuminance of ground　地面照度　03.097
image　影像　01.032
image analysis　图像分析　03.434
image classification　图像分类　03.485
image coding　图像编码　03.389
image compression　图像压缩　03.488
image correlation　影像相关　03.266
image database　影像数据库　01.066
image description　图像描述　03.395
image digitization　图像数字化　03.382
image enhancement　图像增强　03.410
image fusion　影像融合　03.386
image horizon　像地平线，*合线　03.127
image matching　影像匹配　03.265
image mosaic　图像镶嵌　03.381
image motion compensation　像移补偿　03.024
image overlaying　图像复合　03.394
image processing　图像处理　01.035
image processing system　图像处理系统　03.484
image pyramid　影像金字塔　03.387
image quality　影像质量　03.098
image recognition　图像识别　03.388
image reconstruction　图像重建　03.489
image resolution　影像分辨率　03.500
image restoration　图像复原　03.330
image retrieval　图像检索　03.486
imagery　影像　01.032
image scanner　影像扫描仪　03.499
image segmentation　图像分割　03.393
image sequence　图像序列　03.487
image setter　激光照排机　07.202
image space coordinate system　像空间坐标系　03.225
image transformation　图像变换　03.399
image understanding　图像理解　03.435

imaging equation　构像方程　03.227
imaging geometry　成像几何　03.452
imaging informatics　影像信息学　03.501
imaging radar　成像雷达　03.450
imaging sensor　成像传感器　03.451
imaging spectrometer　成像光谱仪　03.359
IMC　像移补偿　03.024
improvement of satellite orbit　卫星轨道改进　02.270
impulse distance meter　脉冲测距仪　07.213
IMU　惯性测量装置　02.428
increment of coordinate　坐标增量　05.054
independent coordinate system　独立坐标系　05.100
independent model aerial triangulation　独立模型法空中三角测量　03.235
index contour　计曲线　04.185
index diagram　图幅接合表　04.228
index error of vertical circle　竖盘指标差　07.109
index for selection　选取指标　04.121
index for selection norm　定额指标　04.122
index mosaic　镶嵌索引图　03.192
Indian spring low water　略最低低潮面，＊印度大潮低潮面　06.093
indicatrix ellipse　变形椭圆　04.180
indirect position　非坐标位置　04.394
indirect scheme of digital rectification　间接法纠正　03.385
induction height survey　导入高程测量　05.146
induction height survey through shaft　立井导入高程测量　05.147
industrial measuring system　工业测量系统　07.122
industrial photogrammetry　工业摄影测量　03.296
industrial survey　工业测量　05.308
inertial coordinate system　惯性坐标系　02.239
inertial geodetic surveying　惯性大地测量　02.375
inertial measurement units　惯性测量装置　02.428
inertial navigation system　惯性导航系统　02.376
inertial surveying system　惯性测量系统　01.027
information attribute　信息属性　04.273
informatization surveying and mapping　信息化测绘　01.091
infrared detectors　红外探测器　03.509
infrared film　红外片　03.048
infrared image　红外影像　03.477
infrared imagery　红外图像　03.333
infrared photography　红外摄影　03.063
infrared radiometer　红外辐射计　03.367
infrared remote sensing　红外遥感　03.310
infrared scanner　红外扫描仪　03.371
INS　惯性导航系统　02.376
INSAR　雷达干涉测量　03.365
installation survey　安装测量　05.301
instantaneous field of view　瞬时视场　03.034
instantaneous pole　瞬时极　02.100
instrument of surveying and mapping　测绘仪器　01.073
integer ambiguity　整周模糊度　02.419
integrated digital map product system　集成式数字制图系统　04.366
integrated geodesy　整体大地测量　02.302
integrated navigation　组合导航　02.424
integrated positioning　组合定位　06.020
integration of GNSS, RS and GIS technology　3S 集成　01.074
integrity　完备性　02.411
interferometric seabed inspection sonar　相干声呐测深系统　07.139
interior orientation　内部定向　03.163
intermediate contour　首曲线　04.184
International Association of Geodesy　国际大地测量协会　01.080
international atomic time　国际原子时　02.110
International Cartographic Association　国际制图协会　01.082
international celestial reference frame　国际天球参考框架　02.015
international chart　国际海图　06.206
International Earth Rotation and Reference Systems Service　国际地球自转和参考系服务　02.381
International Earth Rotation Service　国际地球自转服务局　02.014
International GNSS Service　国际 GNSS 服务　02.379
International Gravity Standardization Net 1971　1971 国际重力基准网　02.349
International Hydrographic Organization　国际海道测量组织　01.084
International Society for Photogrammetry and Remote Sensing　国际摄影测量与遥感学会　01.081
International Society of Mine Surveying　国际矿山测量学会　01.083

international terrestrial reference frame 国际地球参考框架 02.016
international terrestrial reference system 国际地球参考系统 02.380
International Union of Geodesy and Geophysics 国际大地测量与地球物理联合会 01.079
interometry SAR 雷达干涉测量 03.365
interpretation 判读，*判释，*解译 03.194
interpretation of echograms 声图判读 06.085
interpretoscope 判读仪 07.174
interrupted projection 分瓣投影 04.171
intersection angle of LOP 位置[线交]角 06.028
interval scaling 等距量表 04.136
invar baseline wire 因瓦基线尺 07.089
inverse of weight matrix 权逆阵 02.327
inverse plummet observation 倒锤[线]观测，*倒锤法 05.214
inverse solution of geodetic problem 大地主题反解 02.082
ionospheric pierce point 电离层穿刺点 02.370
ionospheric refraction correction 电离层折射改正 02.293
IPP 电离层穿刺点 02.370
irrigation layout plan 灌区平面布置图 05.258
island chart 岛屿图 06.200
island-mainland connection survey 岛陆联测 06.005
island survey 岛屿测量 06.061
isocenter of photograph 像等角点 03.120
isoline map 等值线地图 04.053
isoline method 等值线法 04.195
isometric latitude 等量纬度 02.087
isometric parallel 等比线 03.121
isostasy 地壳均衡 02.238
isostatic correction 地壳均衡改正 02.208
ISPRS 国际摄影测量与遥感学会 01.081
ISS 惯性测量系统 01.027
iteration method with variable weights 选权迭代法 03.245
ITRF 国际地球参考框架 02.016
ITRS 国际地球参考系统 02.380
IUGG 国际大地测量与地球物理联合会 01.079

J

JND 恰可察觉差 04.125
Julian Day 儒略日 02.109
junction point of traverse 导线结点 05.042
just noticeable difference 恰可察觉差 04.125

K

K-band ranging K 波段测距 02.355
KBR K 波段测距 02.355
kilometer grid 方里网 04.223
kilometer scale 千米尺 06.250
kinematic positioning 动态定位 02.199
Krasovsky ellipsoid 克拉索夫斯基椭球 02.018

L

LAAS 局域增强系统 02.391
lake survey 湖泊测量 06.069
Lambert projection 兰勃特投影，*兰勃特等面积方位投影 04.173
land boundary map 地类界图 05.278
land boundary survey 地界测量 05.273
land information system 土地信息系统 01.070
land investigation 土地调查 05.316
land planning survey 土地规划测量 05.256
land register 地籍簿 05.264
land registration 土地登记，*土地权属登记 05.284
land resource remote sensing 国土资源遥感 03.459
Landsat 陆地卫星 03.339
landscape map 景观地图 04.045
land statistics 土地统计 05.286
land survey 土地测量 05.315
land use map 土地利用图 05.317
lane 相位周，*巷 06.042
lane width 相位周值，*巷宽 06.043
Laplace azimuth 拉普拉斯方位角 02.020

Laplace point　拉普拉斯点　02.021
large format camera　大像幅摄影机　03.017
large scale digital topographic mapping　大比例尺数字测图　05.094
large scale topographical mapping　大比例尺测图　05.093
laser aligner　激光准直仪　07.019
laser alignment　激光准直　05.310
laser altimeter　激光测高仪　07.190
laser eyepiece　激光目镜　07.066
laser guide of vertical shaft　立井激光指向[法]　05.163
laser level　激光水准仪　07.027
laser plotter　激光绘图机　07.194
laser plumbing　激光投点　05.138
laser plummet　垂准仪，＊铅垂仪　07.017
laser remote sensing　激光遥感　03.460
laser sounder　激光测深仪　07.149
laser theodolite　激光经纬仪　07.005
laser topographic position finder　激光地形仪　07.018
lateral error of traverse　导线横向误差　05.048
lateral overlap　旁向重叠　03.086
lateral tilt　旁向倾角　03.148
latitude of pedal　底点纬度　02.093
latitude of reference　基准纬度　06.244
layer　分层　04.254
layout　图面配置　04.097
LBS　位置服务　01.087
lead　水铊　07.157
leading line　导航线，＊叠标线　06.179
least square method　最小二乘法　02.333
least squares collocation　最小二乘配置法，＊最小二乘拟合推估法　02.346
least squares correlation　最小二乘相关　03.271
legend　图例　04.230
lens shutter　中心式快门　03.027
lettering of chart　海图注记　06.294
level　水准仪　07.021，水准器　07.069
leveling　水准测量　05.063
leveling line　水准路线　02.053
leveling network　水准网　02.045
leveling of model　模型置平　03.213
leveling origin　水准原点　01.012
leveling staff　水准尺　07.087
level surface　水准面　02.047
LFC　大像幅摄影机　03.017
LIDAR　激光雷达　03.449
light color　灯色　06.269
lightdetection and ranging　激光雷达　03.449
lightness　亮度　04.333
light period　灯光周期　06.271
light range　灯光射程　06.273
limit error　极限误差　02.319
linear-angular intersection　边角交会法　05.059
linear array sensor　线阵遥感器　03.349
linear intersection　边交会法　05.060
linear reference system　线性参照系　04.392
linear triangulation chain　线形锁　05.036
linear triangulation network　线形网　05.037
line of position　位置线　06.025
line smoothing　曲线光滑　04.289
line symbol　线状符号　04.204
LIS　土地信息系统　01.070
list of lights　航标表　06.303
list of radio beacon　无线电指向标表　06.304
LLR　激光测月　02.301
load potential　负荷位　02.373
load tide　负荷潮　02.228
local area augmentation system　局域增强系统　02.391
local mean sea level　当地平均海面　06.007
location-based service　位置服务　01.087
location of route　线路中线测量　05.232
logarithmic scale　对数尺　06.249
logical consistency　逻辑兼容，＊逻辑一致性　04.285
longitudinal error of traverse　导线纵向误差　05.047
longitudinal overlap　航向重叠　03.085
longitudinal tilt　航向倾角　03.147
long-range positioning system　远程定位系统　07.126
long-range radio navigation　远程无线电导航　06.018
LOP　位置线　06.025
Loran chart　罗兰海图　06.196
Loran-C positioning system　罗兰－C 定位系统　07.128
loss of lock　失锁　02.296
Love's number　勒夫数　02.232
lower low water　略最低低潮面，＊印度大潮低潮面　06.093
low water line　低潮线　06.255
lunar laser ranging　激光测月　02.301
lunar orbiter　月球轨道飞行器　03.336

lunisolar gravitational perturbation 日月引力摄动 02.261

M

magnetic anomaly area 磁力异常区 06.280
magnetic azimuth 磁方位角 05.252
magnetic bearing 磁象限角 05.253
magnetic declination 磁偏角 06.291
magnetic dip 磁倾角 05.249
magnetic inclination 磁倾角 05.249
magnetic meridian 磁子午线 05.250
magnetic sweeping 磁力扫海测量 06.082
magnetism theodolite 地磁经纬仪 07.012
magnetometer 地磁仪 07.059
main/check comparison 主检比对 06.145
map 地图 01.039
map clarity 地图清晰性 04.099
map color index 地图色谱 04.322
map color standard 地图色标 04.323
map compilation 地图编绘 04.210
map complexity 地图复杂性 04.098
map data structure 地图数据结构 04.267
map design 地图设计 04.095
map digitizing 地图数字化 04.250
map display 地图显示 04.274
map editing 地图编辑 04.212
map editorial policy 编辑大纲 04.213
map evalution 地图评价 04.015
map finishing 地图整饰 04.096
map interpretation 地图判读 04.017
map legibility 地图易读性 04.100
map lettering 地图注记 04.232
map load 地图负载量 04.154
map of mineral deposits 矿产图 05.122
map of mining subsidence 开采沉陷图 05.182
map overlay analysis 地图叠置分析 04.275
map perception 地图感受 04.119
mapping accuracy 制图精度 04.235
mapping control 图根控制 05.038
mapping control point 图根点 05.049
mapping method with transit 经纬仪测绘法 05.092
mapping recorded file 图历簿 04.231
mapping satellite 测图卫星 03.341
map printing 地图印刷 04.012
map projection 地图投影 01.042
map reading 地图阅读 04.233
map reproduction 地图复制 04.211
map revision 地图更新 04.018
mapsheet 图幅 04.222
map specification 地图规范 04.358
map symbols bank 地图符号库 04.257
map use 地图利用 04.014
marine atlas 海[洋]图集 06.224
marine biological chart 海洋生物图 06.223
marine bottom proton sampler 海洋质子采样器 07.060
marine demarcation survey 海洋划界测量 06.168
marine engineering survey 海洋工程测量 06.169
marine environmental chart 海洋环境图 06.218
marine geodesy 海洋大地测量学 02.008
marine geodetic survey 海洋大地测量 06.002
marine gravimeter 海洋重力仪 07.055
marine gravimetry 海洋重力测量 06.159
marine gravity anomaly 海洋重力异常 06.163
marine hydrological chart 海洋水文图 06.219
marine leveling 海洋水准测量 06.006
marine magnetic anomaly 海洋磁力异常 06.165
marine magnetic chart 海洋磁力图 06.217
marine magnetic survey 海洋磁力测量 06.164
marine magnetometer 海洋磁力仪 07.056
marine meteorological chart 海洋气象图 06.221
marine positioning 海洋测量定位 06.014
marine proton magnetometer 海洋质子磁力仪 07.057
marine resource chart 海洋资源图 06.222
marine survey 海洋测量 06.001
marine thematic survey 海洋专题测量 06.158
mask 蒙片 04.342
mask artwork 蒙绘 04.217
master station 主台 06.040
mathematical cartography 数学地图学 04.004
maximum likelihood classification 最大似然分类 03.430
meandering coefficient of traverse 导线曲折系数 05.043
mean earth ellipsoid 平均地球椭球 02.151

mean high water springs 平均大潮高潮面 06.092
mean low water springs 平均大潮低潮面 06.091
mean motion 平均运动 02.251
mean pole 平极 02.101
mean pole of the epoch 历元平极 02.103
mean radius of curvature 平均曲率半径 02.068
mean sea level 平均海[水]面 01.023
mean square error of angle observation 测角中误差 02.312
mean square error of azimuth 方位角中误差 02.313
mean square error of coordinate 坐标中误差 02.314
mean square error of height 高程中误差 02.316
mean square error of a point 点位中误差 02.315
mean square error of side length 边长中误差 02.311
mean-time clock 平时钟 07.048
measurement error 测量误差 01.051
measuring bar 测杆 07.086
[measuring] mark 测标 07.209
mechanical projection 机械投影 03.204
medium-range positioning system 中程定位系统 07.125
mental map 心象地图 04.070
Mercator chart 墨卡托海图 06.192
Mercator projection 墨卡托投影 04.175
meridian 子午圈 02.061
meridian plane 子午面 02.060
meridional part 渐长纬度 06.247
metallic spring gravimeter 金属弹簧重力仪 07.051
meteorological representation error 气象代表误差 06.053
method by hour angle of Polaris 北极星任意时角法 02.125
method by series 方向观测法 02.029
method in all combinations 全组合测角法 02.028
method of deflection angle 偏角法 05.233
method of direction observation 方向观测法 02.029
method of equalweight substitution 等权代替法 05.076
method of laser alignment 激光准直法 05.211
method of tension wire alignment 引张线法 05.209
method of time determination by star transit 恒星中天测时法 02.122
method of time determination by Zinger star-pair 津格尔[星对]测时法，*东西星等高测时法 02.120
metric camera 量测摄影机 03.008
MHWS 平均大潮高潮面 06.092
microcopying 缩微摄影 03.065
microdensitometer 测微密度计 03.108
microfilm map 缩微地图 04.077
microgravimetry 微重力测量 02.177
micrometer 测微器 07.071
micrometer eyepiece 测微目镜 07.065
microphotogrammetry 显微摄影测量 03.442
microphotography 缩微摄影 03.065
microwave distance meter 微波测距仪 07.038
microwave imagery 微波图像 03.335
microwave radiation 微波辐射 03.325
microwave radiometer 微波辐射计 03.366
microwave remote sensing 微波遥感 03.311
microwave remote sensor 微波遥感器 03.353
middle tone 中性色调，*灰色调 04.332
military chart 军用海图 06.205
military engineering survey 军事工程测量 05.287
military map 军用地图 04.032
military surveying and mapping 军事测绘 01.088
mine map 矿山测量图 05.172
mineral deposit geometry 矿体几何[学] 05.167
mine survey 矿山测量 01.029
mine surveying 矿山测量学 05.132
minimum distance classification 最小距离分类 03.431
mining engineering plan 采掘工程平面图 05.176
mining subsidence observation 开采沉陷观测 05.169
mining theodolite 矿山经纬仪 07.009
mining yard plan 矿场平面图 05.174
minor angle method 小角度法 05.212
mirror reverse 反像 04.302
missile orientation survey 导弹定向测量 05.291
mixed tidal harbor 混合潮港 06.106
MLWS 平均大潮低潮面 06.091
mobile mapping system 移动测图系统 03.505
mobile station 船台，*移动台 06.036
modulation frequency 调制频率 07.097
modulation transfer function 调制传递函数 03.110
modulator 调制器 07.093
moire 龟纹 04.138
moiré topography 叠栅条纹图，*莫尔条纹图 03.292
Molodensky formula 莫洛坚斯基公式 02.165
Molodensky theory 莫洛坚斯基理论 02.164
monitoring network 监测网 02.223
monitor station 监测台，*检查台 06.038

monocomparator 单片坐标量测仪 07.179
monthly mean sea level 月平均海面 06.009
morphometric map 地貌形态示量图 04.044
MSS 多谱段扫描仪 03.372
MTF 调制传递函数 03.110
multibeam echosounding 多波束测深 06.075
multibeam sounding system 多波束测深系统 07.146
multi-imagery registration 多影像配准 03.508
multi-layer organization 多层结构 04.118
multimedia map 多媒体地图 04.080
multipath effect 多路径效应 02.297
multiple view geometry 多视几何 03.455
multiplex 多倍仪 07.180
multiplication constant 乘常数 07.104
multi-purpose cadastre 多用途地籍 05.266
multispectral camera 多光谱摄影机 03.013
multispectral photography 多光谱摄影 03.067
multispectral remote sensing 多谱段遥感 03.308
multispectral scanner 多谱段扫描仪 03.372
multi-spectrum scanner 多光谱扫描仪 03.497
multistage rectification 多级纠正 03.183
multi-temporal analysis 多时相分析 03.391
multi-temporal remote sensing 多时相遥感 03.309
multi-year mean sea level 多年平均海面 06.011
Munsell color system 芒塞尔色系 04.324

N

nanophotogrammetry 电子显微摄影测量 03.288
narrow lane observations 窄巷观测值 02.418
national atlas 国家地图集 04.089
national fundamental geographic information system 国家基础地理信息系统 04.397
2000 National Geodetic Control Network of China 2000 国家大地控制网 02.426
National GPS Geodetic Control Network 2000 2000 国家 GPS 大地控制网 02.352
National Gravity Fundamental Network 1957 1957 国家重力基准网 02.427
National Gravity Fundamental Network 1985 1985 国家重力基准网 02.351
National Gravity Fundamental Network 2000 2000 国家重力基准网 02.353
National Vertical Datum 1985 1985 国家高程基准 01.020
nature of the coast 海岸性质 06.253
nautical almanac 航海天文历 06.306
nautical chart 航海图 06.186
naval service survey 海军勤务测量 06.166
navigation channel chart 航道图 06.202
navigation chart 导航图 06.194
navigation mark survey 航标测量 06.064
navigation message 导航电文 02.364
navigation obstruction 航行障碍物 06.257
navigation of aerial photography 航摄领航 03.078
navigation station positioning 导航台定位测量 05.289
Navy Navigation Satellite System 海军导航卫星系统 02.191
neap rise 小潮升 06.097
neat line 图廓 04.221
negative 负片 03.041
negative image 阴像 04.304
neighborhood method 邻元法 03.274
network model 网络模型 04.391
network RTK 网络 RTK 02.405
new edition of chart 新版海图 06.298
NGFN 1957 1957 国家重力基准网 02.427
NGFN 1985 1985 国家重力基准网 02.351
NGFN 2000 2000 国家重力基准网 02.353
NNSS 海军导航卫星系统 02.191
nominal accuracy 标称精度 07.119
nominal scaling 名义量表 04.134
non-metric camera 非量测摄影机 03.006
non-topographic photogrammetry 非地形摄影测量 03.295
normal-angle aerial camera 常角航摄仪 03.446
normal case photography 正直摄影 03.279
normal equation 法方程 02.341
normal gravitational potential 正常引力位 02.142
normal gravity 正常重力 02.148
normal gravity field 正常重力场 02.147
normal gravity formula 正常重力公式 02.150
normal gravity line 正常重力线 02.149
normal gravity potential 正常重力位 02.143

normal height 正常高 02.051
normal level ellipsoid 正常水准椭球，＊水准椭球 02.146
normal projection 正轴投影 04.167
normal section 法截面 02.062
north-finding instrument 寻北器 07.074
north-up display 北向上显示 06.237
notice to mariners 航海通告 06.299
notice to navigator 航行通告 06.300
NtM 航海通告 06.299
numerical cadastre 数值地籍 05.267
numerical solution of motion equation 运动方程数值解 02.267
nutation 章动 02.136

O

object contrast 景物反差 03.096
object extraction 目标提取 03.494
objective angle of image field 像场角 03.033
object reconstruction 目标重建 03.493
object space coordinate system 物空间坐标系 03.226
object spectral characteristic 地物波谱特性 03.323
oblique observation 倾斜观测 05.107
oblique photography 倾斜摄影 03.070
oblique projection 斜轴投影 04.169
oblique tracing 斜截面法 04.208
observation equation 观测方程 02.336
observation of navigation obstruction 航行障碍物探测 06.152
observation of slope stability 边坡稳定性观测 05.171
observation set 测回 02.030
observation station of surface movement 地表移动观测站 05.170
observation target 测量觇标 01.014
oceanic load 海洋负荷 02.262
ocean sounding chart 大洋水深图 06.211
ocean tidal model 海潮模型 02.226
offset printing 胶印 04.291
offshore survey 近海测量 06.066
Omega chart 奥米伽海图 06.199
omnidirectional antenna 全向天线 07.092
on-line aerophotogrammetric triangulation 联机空中三角测量 03.238
opencast mining plan 露天矿矿图 05.178
opencast survey 露天矿测量 05.159
open geographic information system 开放式地理信息系统 04.367
open GIS 开放式地理信息系统 04.367
open leveling line 支水准路线 05.066
open traverse 支导线 05.029
optical condition 光学条件 03.184
optical correlation 光学相关 03.267
optical density 光密度 03.106
optical graphical rectification 光学图解纠正 03.180
optical image processing 光学图像处理 03.374
optical instrument positioning 光学[仪器]定位 06.015
optical level 光学水准仪 07.022
optical-mechanical projection 光学机械投影 03.205
optical-mechanical rectification 光学机械纠正 03.178
optical mosaic 光学镶嵌 03.191
optical plumment 垂准仪，＊铅垂仪 07.017
optical plummet 光学对中器 07.072
optical precise plumment 垂准仪，＊铅垂仪 07.017
optical projection 光学投影 03.203
optical rectification 光学纠正 03.177
optical sensor 光学遥感器 03.352
optical theodolite 光学经纬仪 07.003
optical transfer function 光学传递函数 03.111
optical wedge 灰楔 03.114
orbital coordinate system 轨道坐标系 02.241
ordered perception 等级感 04.130
ordinal scaling 顺序量表 04.135
orientation connection survey 定向连接测量 05.140
orientation of reference ellipsoid 参考椭球定位 02.019
orientation point 定向点 03.162
orienteering map 定向运动地图 04.069
origin of longitude 经度起算点 02.098
orthochromatic film 正色片 03.046
orthographic projection 正射投影 04.164
orthography of geographical name 地名正名 04.239
orthometric height 正高 02.050
orthophoto 正射像片 03.253
orthophoto map 正射影像地图 03.256
orthophoto stereomate 正射影像立体配对片 03.255

orthophoto technique 正射影像技术 03.251
orthoscope 正射投影仪，*缝隙纠正仪 07.182
orthostereoscopy 正立体效应 03.156
OTF 光学传递函数 03.111
outlier 粗差 01.057
outline map [for filling] 填充地图 04.075
outstanding point 明显地物点 03.197
overlap 叠幅 06.183
overlay 叠加 04.312
overprint 叠印 04.313

P

panchromatic film 全色片 03.047
panchromatic image 全色影像 03.478
panchromatic infrared film 全色红外片 03.051
panorama camera 全景摄影机 03.009
panoramic camera 全景摄影机 03.009
panoramic distortion 全景畸变 03.036
panoramic photography 全景摄影 03.068
parallax 视差 07.114
parallel-averted photography 等偏摄影 03.280
parallel circle 平行圈 02.065
parameter adjustment 参数平差，*间接平差 02.334
parameter adjustment with conditions 附条件参数平差，*附条件间接平差 02.335
parcel of land 地块 05.275
parcel survey 宗地测量 05.276，地块测量 05.280
particle accelerator survey 粒子加速器测量 05.298
particular map 特种地图 04.031
passive remote sensing 被动式遥感 03.307
pass point 加密点 03.231
pattern recognition 模式识别 03.418
pattern recognition of remote sensing 遥感模式识别 01.036
PCGIAP 亚太区域地理信息系统基础设施常设委员会 01.077
P code 精码 02.287
PDOP 位置精度衰减因子 02.412
peel-coat film 撕膜片 04.300
pelagic survey 远海测量 06.067
pentaprism 五角棱镜 07.078
perceived model 视模型 03.211
perceptual effect 感受效果 04.120
perceptual grouping 类别视觉感受 04.104
periodic error 周期误差 07.118
Permanent Committee on GIS Infrastructure for Asia and the Pacific 亚太区域地理信息系统基础设施常设委员会 01.077
personal and instrumental equation 人仪差 02.132
perspective projection 透视投影 04.165
perspective tracing 透视截面法 04.209
perturbed motion of satellite 卫星受摄运动 02.258
petroleum exploration survey 石油勘探测量 05.131
petroleum pipeline survey 输油管道测量 05.129
phase ambiguity 相位多值性 06.045
phase ambiguity resolution 相位模糊度解算 02.206
phase-based laser scanner 相位激光扫描仪 03.498
phase bias 固定相移 06.047
phase cycle 相位周，*巷 06.042
phase cycle value 相位周值，*巷宽 06.043
phase drift 相位漂移 06.046
phase filter 相位滤波器 03.502
phase lag 相位滞后 02.413
phase stability 相位稳定性 06.044
phase transfer function 相位传递函数 03.109
photo 像片 03.100
photo base 像片基线 03.122
photo coordinate system 像平面坐标系 03.224
photoelectric astrolabe 光电等高仪 07.042
photoelectric transit instrument 光电中星仪 07.044
photoelectronic sensor 光电遥感器 03.354
photogrammetric coordinate system 摄影测量坐标系 03.223
photogrammetric distortion 摄影测量畸变差，*畸变差 03.035
photogrammetric field work 航测外业 03.468
photogrammetric instrument 摄影测量仪器 07.167
photogrammetric interpolation 摄影测量内插 03.277
photogrammetric office work 航测内业 03.467
photogrammetry 摄影测量学 03.001
photogrammetry and remote sensing 摄影测量与遥感学 01.028
photograph 像片 03.100
photographic baseline 摄影基线 03.076

photographic processing 摄影处理 03.089
photographic scale 航空摄影比例尺 03.075
photography 摄影学 03.002
photo interpretation 像片判读 03.195
photomicrography 显微摄影 03.066
photo mosaic 像片镶嵌 03.190
photo nadir point 像底点 03.118
photo orientation elements 像片方位元素 03.143
photo plan 像片平面图 03.176
photo planimetric method of photogrammetric mapping 综合法测图 03.173
photo rectification 像片纠正 03.175
photoreducer 缩小仪 07.185
photo scale 像片比例尺 03.103
phototheodolite 摄影经纬仪 07.010
phototypesetter 照相排字机 07.201
physical geodesy 物理大地测量学，＊大地重力学 02.004
physical map 自然地图 04.041
picto-line map 浮雕影像地图 04.085
picture 图像 01.031
picture format 像幅 03.022
piece of ground 地块 05.275
pier location 桥墩定位 05.244
pilot atlas 引航图集 06.226
pipe survey 管道测量 05.190
pitch 航向倾角 03.147
pixel 像素，＊像元 03.115
place name 地名 01.046
place-name database 地名数据库 01.068
place-name standardization 地名标准化 04.238
plane 平面图 01.041
plane control network 平面控制网 05.004
plane control point 平面控制点 05.007
plane control survey 平面控制测量 05.011
plane curve location 平面曲线测设 05.227
plane-table equipment 平板仪 07.030
plane-table survey 平板仪测量 05.091
plane-table traverse 平板仪导线 05.032
planetary geodesy 行星大地测量学 02.009
planetary photogrammetry 行星摄影测量 03.440
planimeter 求积仪 07.032
planning map 规划地图 04.063
planning survey 规划测量 05.309
plate copying 晒版 04.298
plate correction 层间改正 02.209
platometer 求积仪 07.032
plotter 绘图机 07.193
plotting chart 远洋作业图 06.191
plotting file 绘图文件 04.287
plotting sheet 远洋作业图 06.191
plumb bob 垂球 07.081
plumb line 铅垂线 02.040
point mode 点方式 04.252
point positioning 单点定位 02.201
point symbol 点状符号 04.203
point transfer device 转点仪 07.184
polar coordinate positioning 极坐标定位，＊距离方位定位 06.023
polar finder 寻北器 07.074
polar motion 极移 02.099
polar pantograph 极坐标缩放仪 07.178
political map 政治地图 04.034
polyconic projection 多圆锥投影 04.162
polyfocal projection 多焦点投影 04.172
polygonal height traverse 三角高程导线 05.069
polygonal map 多边形地图 04.050
polygon structure 多边形结构 04.269
population map 人口地图 04.036
Porro-Koppe principle 波罗－科普原理 03.220
port 港口 06.282
POS 定位定姿系统 03.513
positional accuracy 位置精度 04.236
Position and Orientation System 定位定姿系统 03.513
position dilution of precision 位置精度衰减因子 02.412
position function 位置函数，＊坐标函数 06.026
positioning diagram method 定位统计图表法 04.200
positioning interval 定位点间距 06.029
positioning mark 定位标记 06.139
positive 正片 03.040
positive image 阳像 04.303
post glacial rebound 冰后回弹 02.237
posture map 态势地图 04.067
potential coefficient of the earth 地球位系数 02.156
potential of centrifugal force 离心力位 02.141
Potsdam gravimetric system 波茨坦重力系统 02.190
power spectrum 功率谱 03.322

power transmission line survey 输电线路测量 05.128
PPP 精密单点定位 02.389
PPS 精密定位服务 02.390
PRARE 普拉烈系统 02.189
precession 岁差 02.135
precise alignment 精密准直 05.296
precise code 精码 02.287
precise engineering control network 精密工程控制网 05.294
precise engineering survey 精密工程测量 05.293
precise ephemeris 精密星历 02.292
precise level 精密水准仪 07.024
precise leveling 精密水准测量 02.046
precise mechanism installation survey 精密机械安装测量 05.299
precise plumbing 精密垂准 05.297
precise point positioning 精密单点定位 02.389
precise positioning service 精密定位服务 02.390
Precise Range and Rangerate Equipment 普拉烈系统 02.189
precise ranging 精密测距 05.295
precise survey at seismic station 地震台精密测量 05.300
precise traversing 精密导线测量 02.037
precision 精[密]度 01.053
precision stereoplotter 精密立体测图仪 07.170
pre-press proof 预打样图 04.321
preprinted symbol 预制符号 04.347
presensitized plate 预制感光版，*PS 版 04.297
present landuse map 土地利用现状图 05.272
pressure gauge 压力验潮仪 07.155
primary graphic elements 基本图形符号 04.101
prime meridian 本初子午线 02.097
prime vertical 卯酉圈 02.064
prime vertical plane 卯酉面 02.063
principal component transformation 主分量变换 03.403
principal distance of camera 摄影机主距 03.207
principal distance of photo 像片主距 03.206
principal distance of projector 投影器主距 03.208
principal epipolar line 主核线 03.135
principal epipolar plane 主核面 03.136
principal line [of photograph] 像主纵线 03.123
principal plane [of photograph] 主垂面 03.124
principal point of photograph 像主点 03.117
principal vanishing point 主合点 03.131
principal vertical plane 主垂面 03.124
principle of geometric reverse 几何反转原理 03.169
printer lens 照相制版镜头 07.207
printing down 晒版 04.298
printing plate 印刷版 04.295
PRN 伪随机噪声 02.407
probability decision function 概率判决函数 03.424
probable error 概然误差 02.318
process lens 照相制版镜头 07.207
profile 剖面图 04.207，纵断面图 05.088
profile diagram 纵断面图 05.088
profiler 断面仪 07.192
profile survey 纵断面测量 05.086
prognostic map 预报地图 04.064
projection equation 投影方程 03.230
projection interval 渐长区间 06.248
projection printing 投影晒印 03.093
projection transformation 投影变换 04.182
projection with two standard parallels 双标准纬线投影 04.174
projective geometry 投影几何 03.453
projector 投影器 07.204
proofing 打样 04.306
property boundary survey 地产界测量 05.277
property line survey 建筑红线测量 05.198
proportional error 比例误差 07.102
prospecting baseline 勘探基线 05.111
prospecting line profile map 勘探线剖面图 05.119
prospecting line survey 勘探线测量 05.110
prospecting network layout 勘探网测设 05.109
pseudo-color image 伪彩色图像 03.401
pseudo-isoline map 伪等值线地图 04.054
pseudolite 伪卫星 02.408
pseudorandom noise 伪随机噪声 02.407
pseudorange 伪距 02.406
pseudo-range 伪距 02.406
pseudo-range measurement 伪距测量 02.282
pseudo-satellite 伪卫星 02.408
pseudostereoscopy 反立体效应 03.157
PTF 相位传递函数 03.109
public engineering survey 市政工程测量 05.186
pure gravity anomaly 纯重力异常 02.214
push-broom sensor 线阵遥感器 03.349

Q

quadrant 象限仪 07.045
qualitative perception 质量感 04.132
quality base method 质底法 04.197
quality control for spatial data 空间数据质量控制 04.372
quality of aerophotography 航摄质量 03.077
quality of the bottom 底质 06.262
quantitative perception 数量感 04.131
quantity base method 量底法 04.198
quantization 量化 03.258
quantizing 量化 03.258
quartz spring gravimeter 石英弹簧重力仪 07.052
quasi geoid 似大地水准面 02.170
quasi-stable adjustment 拟稳平差 02.344

R

radar altimeter 雷达测高仪 07.189
radar image 雷达影像 03.462
radar overlay 雷达覆盖区 06.281
radar ramark 雷达指向标 07.187
radar remote sensing 雷达遥感 03.461
radar responder 雷达应答器 06.265
radial distortion 径向畸变 03.037
radial positioning grid 辐射线格网 06.031
radial triangulation 辐射三角测量 03.199
radiation sensor 辐射遥感器 03.355
radio beacon 无线电指向标，＊电指向 06.264
radiometric correction 辐射校正 03.378
radio navigational warning 无线电航行警告 06.301
radio positioning 无线电定位 06.017
radius of curvature in meridian 子午圈曲率半径 02.066
radius of curvature in prime vertical 卯酉圈曲率半径 02.067
railway survey 铁路测量 05.314
RAIM 用户自主式完备性监测 02.417
random error 偶然误差 01.055
range hole 测距盲区 06.058
range-only radar 测距雷达 03.364
range-range positioning 圆－圆定位，＊距离－距离定位 06.021
rank defect adjustment 秩亏平差 02.343
raster data 栅格数据 04.249
raster map database 栅格地图数据库 04.393
raster plotting 栅格绘图 04.290
ratio enhancement 比值增强 03.415
ratio scaling 比例量表 04.137
ratio transformation 比值变换 03.406
reading accuracy of sounder 测深仪读数精度 06.141
real-aperture radar 真实孔径雷达 03.368
real estate cadastre 房地产地籍 05.269
real-time kinematic pesudorange difference 实时伪距差分 02.402
real-time kinematic survey 实时动态测量 02.401
real-time photogrammetric system 实时摄影测量系统 03.445
real-time photogrammetry 实时摄影测量 03.300
real-time positioning 实时定位 02.400
real-time processing 实时处理 03.375
receiver autonomous integrity monitoring 用户自主式完备性监测 02.417
receiver indepedent exchange format 接收机可交换格式 02.387
receiving center 接收中心 06.049
reclamation survey 复垦测量 05.160
recommended route 推荐航线 06.181
recording paper of sounder 测深仪记录纸 06.136
rectangular grid 直角坐标网 05.095
rectangular mapsheet 矩形分幅 05.096
rectification 纠正 03.174
rectifier 纠正仪 07.181
reduced latitude 归化纬度 02.086
reducing color printing 减色印刷 04.294
reduction of soundings 测深归算 06.118
reduction to centring 归心改正 02.032
reduction to station center 测站归心 05.024
reduction to target center 照准点归心 05.026
redundant observation 多余观测 02.304

S

SAR 合成孔径雷达 03.369
satellite-acoustics integrated positioning system 卫星-声学组合定位系统 07.129
satellite altimetry 卫星测高 02.273
satellite altitude 卫星高度 02.252
satellite attitude 卫星姿态 03.347
satellite based augmentation systems 星基增强系统 02.414
satellite-borne sensor 星载遥感器 03.356
satellite configuration 卫星构形 02.255
satellite constellation 卫星星座 02.409
satellite Doppler positioning 卫星多普勒定位 02.278
satellite Doppler shift measurement 卫星多普勒[频移]测量 02.272
satellite geodesy 卫星大地测量学 02.006
satellite gradiometry 卫星重力梯度测量 02.276
satellite gravimetry 卫星重力学 02.410
satellite image 卫星影像 03.474
satellite image map 卫星影像图 03.332
satellite-inertial guidance integrated positioning system 卫星-惯导组合定位系统 07.130
satellite laser ranger 卫星激光测距仪 07.037
satellite laser ranging 卫星激光测距 02.271
satellite nadir point 卫星星下点 02.253
satellite positioning 卫星定位 06.016
satellite to satellite tracking 卫星跟踪卫星 02.274
satellite tracking station 卫星跟踪站 02.275
saturation 饱和度 04.326
SBAS 星基增强系统 02.414
scale 比例尺 01.047, 尺度 02.359
scale error 比例误差 07.102
scale parameter 尺度参数 02.249
scaling of model 模型缩放 03.212
scanner 扫描仪 07.200
scene matching guidance 景像匹配制导 03.507
Scheimpflug condition 交线条件, *向甫鲁条件, *恰普斯基条件 03.188
school map 教学地图 04.065
screen 网屏 04.337
screen map 屏幕地图 04.049
scriber 刻图仪 07.196
scribing 刻绘 04.216
SDI 空间数据基础设施 01.075
sea area boundary line 海区界线 06.275
sea area information investigation 海区资料调查 06.154
seabed sampler 海底采样器 07.158
seafloor elevation model 海底地形模型 06.173
seafloor imaging system 海底图像系统 07.140
seafloor slope correction 海底倾斜改正 06.135
searching area 搜索区 03.273
Seasat 海洋卫星 03.340
seasonal correction of mean sea level 平均海面归算 06.012
sea surface topography 海面地形 06.013
section survey 断面测量 05.307
self-calibration 自检校 03.241
semidiurnal tidal harbor 半日潮港 06.105
semimajor axis of ellipsoid 椭球长半轴, *地球长半轴 02.056
semiminor axis of ellipsoid 椭球短半轴, *地球短半轴 02.057
sensitive material 感光材料 03.054
sensitivity 感光度 03.056
sensitization 感光 03.092
sensitometric characteristic curve 感光特性曲线 03.058
sensitometry 感光测定 03.057
sequential adjustment 序贯平差 02.342
series maps 系列地图 04.047
setting accuracy 安平精度 07.111
setting-out of cross line through shaft center 井筒十字中线标定 05.161
setting-out of main axis 主轴线测设 05.197
setting out of reservoir flooded line 水库淹没线测设 05.219
setting-out survey 放样测量 05.188
settlement observation 沉降观测 05.105
sextant 六分仪 07.121
SFAP 小像幅航空摄影 03.071
shade 深色调 04.330
shaft bottom plan 井底车场平面图 05.175
shaft construction survey 建井测量 05.157
shaft orientation survey 立井定向测量 05.135
shaft prospecting engineering survey 井探工程测量 05.117
shape from contour 自轮廓重建 03.491
shape from shading 自阴影重建 03.492
sheet designation 图幅编号 04.227
sheet index 图幅接合表 04.228

spring rise　大潮升　06.096
SPS　标准定位服务　02.356
square control network　施工方格网　05.196
square mapsheet　正方形分幅　05.097
SST　卫星跟踪卫星　02.274
stadia addition constant　视距加常数　07.107
stadia multiplication constant　视距乘常数　07.106
stadia survey　视距测量　05.072
stadia traverse　视距导线　05.031
staff　标尺　07.085
standard deviation　标准差　01.060
standard field of length　长度标准检定场　07.108
standard geographic name　标准地名　04.353
standard meter　线纹米尺，* 日内瓦尺　07.088
standard parallel　标准纬线　04.178
standard positioning service　标准定位服务　02.356
standards of surveying and mapping　测绘标准　01.003
state vector　状态向量　02.268
static positioning　静态定位　02.198
static sensor　静态遥感器　03.350
station　测站　05.023
station chain　台链　06.039
statistic map　统计地图　04.058
statoscope　高差仪　07.191
stellar camera　恒星摄影机　03.018
stellar sensor　恒星敏感器　02.383
stereocamera　立体摄影机　03.007
stereocomparator　立体坐标量测仪　07.177
stereographic projection　球面投影　04.166
stereointerpretoscope　立体判读仪　07.175
stereometric camera　立体摄影机　03.007
stereopair　立体像对　03.150
stereophotogrammetry　立体摄影测量　03.200
stereoplotter　立体测图仪　07.168
stereoscope　立体镜　07.186
stereoscopic map　视觉立体地图　04.083
stereoscopic model　立体观测模型　03.209
stereoscopic observation　立体观测　03.151
stereoscopic vision　立体视觉　03.155
stick-up lettering　透明注记　04.344
stipple　网点　04.339
Stokes formula　斯托克斯公式　02.163
Stokes theory　斯托克斯理论　02.162
stope survey　采场测量　05.156
stop-number　光圈号数　03.032
strip　航带　03.469
strip aerial triangulation　航带法空中三角测量　03.234
strip camera　条幅[航带]摄影机　03.011
striping and mining engineering profile　采剥工程断面图　05.179
stud registration　销钉定位法　04.308
sub-bottom profiler　浅地层剖面仪　07.151
subdivisional organization　再分结构　04.117
subdivision of land　土地划分，* 土地分宗　05.285
submarine construction survey　海底施工测量　06.170
submarine control network　海底控制网　06.003
submarine control point　海底控制点　06.004
submarine geological structure chart　海底地质构造图　06.215
submarine geomorphologic chart　海底地貌图　06.213
submarine geomorphology　海底地貌　06.259
submarine pipeline　海底管道　06.274
submarine situation chart　海底地势图　06.208
submarine topography　海底地形学　06.155
submarine tunnel survey　海底隧道测量　06.171
subway survey　地下铁道测量　05.191
successive contrast　连续对比　04.109
sun-synchronous satellite　太阳同步卫星　03.346
superconductor gravimeter　超导重力仪　07.053
supervised classification　监督分类　03.426
superwide-angle aerial camera　特宽角航摄仪　03.448
surface level　水面水准　06.103
surface reconstruction　表面重建　03.490
surface-underground contrast plan　井上下对照图　05.177
survey adjustment　测量平差　01.052
survey control network　测量控制网　05.003
survey for land consolidation　平整土地测量　05.255
survey for marking boundary　标界测量　05.279
survey for reconnaissance and design　勘测设计阶段测量　05.083
survey for site selection　厂址测量　05.192
survey gyroscope　陀螺经纬仪　07.008
surveying　测量学　05.002
surveying and mapping　测绘学　01.001
Surveying and Mapping Law of the People's Republic of China　中华人民共和国测绘法　01.002
survey in mining panel　采区测量　05.154

survey line　测线　06.077
survey mark　测量标志　01.013
survey of existing station yard　既有线站场测量　05.239
survey of present state at industrial site　工厂现状图测量　05.193
survey vessel　测量船　06.174
suspension theodolite　悬式经纬仪　07.014
swath sounding　条带测深　06.076
swath width　扇区开角　06.134
sweep　扫海测量　06.079
sweeper　扫海具　07.165
sweeping at definite depth　定深扫海　06.080
sweeping depth　扫海深度　06.086
sweeping sounder　扫海测深仪　07.145
sweeping trains　扫海趟　06.087
swept area　扫海区　06.278
swing angle　像片旋角　03.149
symbolization　符号化　04.153
symbols and abbreviations on chart　海图图式　06.245
synchronous photography　同步摄影　03.496
synthesis chart of pipelines　管道综合图　05.204
synthetic aperture radar　合成孔径雷达　03.369
synthetic map　合成地图　04.062
synthetic plan of striping and mining　采剥工程综合平面图　05.180
systematic error　系统误差　01.056
Systeme Probatoire d'Observation de la Terre（法）　SPOT卫星　03.342
system integration　系统集成　03.437

T

tactual map　触觉地图　04.074
TAI　国际原子时　02.110
Talcott method of latitude determination　塔尔科特测纬度法　02.123
tangential distortion　切向畸变　03.038
tangential lens distortion　切向畸变　03.038
tangent off-set method　切线支距法　05.234
target　觇牌　07.084
target area　目标区　03.272
target reflector　目标反射器　07.099
target road engineering survey　靶道工程测量　05.292
tasseled cap transformation　穗帽变换　03.408
TDOP　时间精度衰减因子　02.399
telluroid　近似地形面　02.171
terrain analysis　地形分析　04.359
terrestrial camera　地面摄影机　03.014
terrestrial gravitational perturbation　地球引力摄动　02.260
terrestrial photogrammetry　地面摄影测量　03.278
terrestrial spectrograph　地面摄谱仪　03.363
terrestrial stereoplotter　地面立体测图仪　07.172
territorial sea baseline survey　领海基线测量　06.167
texture analysis　纹理分析　03.416
texture enhancement　纹理增强　03.414
the EDM height traversing　电磁波测距高程导线测量　02.369
thematic atlas　专题地图集　04.092
thematic cartography　专题地图学　04.006
thematic chart　专题海图　06.212
thematic layer　专题层　04.255
thematic map　专题地图　04.028
thematic mapper　专题测图仪　03.370
theodolite　经纬仪　07.002
theodolite traverse　经纬仪导线　05.030
theoretical cartography　理论地图学　04.002
theoretical lowest tide surface　理论最低潮面　06.090
theory of errors　误差理论　02.303
thermal infrared imagery　热红外图像　03.334
thermal IR imagery　热红外图像　03.334
thermal radiation　热辐射　03.324
three-arm protractor　三杆分度仪　07.120
three-axis stabilized attitude control system　三轴稳定姿态控制　02.397
three-dimensional landscape simulation　三维地景仿真　04.259
three dimensional laser scanner　三维激光扫描仪　05.313
three-dimensional network　三维网　05.081
tidal correction　潮汐改正　06.162
tidal current analysis　潮流分析　06.151
tidal current chart　潮流图　06.220
tidal datum　潮汐基准面　06.101

tidal factor　潮汐因子　02.234
tidal harmonic analysis　潮汐调和分析　06.110
tidal harmonic constants　潮汐调和常数　06.111
tidal information panel　潮信表　06.288
tidal nonharmonic analysis　潮汐非调和分析　06.112
tidal nonharmonic constants　潮汐非调和常数　06.113
tidal observation　验潮　06.098
tidal perturbation　潮汐摄动　02.265
tidal prediction　潮汐预报　06.114
tidal spectrum　潮汐频谱　02.358
tidal station　验潮站　06.099
tidal synobservation　同步验潮　06.102
tidal wave　潮汐波　02.230
tide-generating force　引潮力　02.225
tide-generating potential　引潮位　02.224
tide staff　水尺　07.162
tide table　潮汐表　06.305
tie point　连接点　03.232
tilt angle of photograph　像片倾角　03.146
tilt displacement　倾斜位移　03.130
tilt observation　倾斜观测　05.107
time dilution of precision　时间精度衰减因子　02.399
time receiving　收时　02.128
time signal　时号　02.126
time signal in UTC　协调世界时时号　02.127
time-varying gravity field　时变重力场　02.398
tint　浅色调　04.331
TM　专题测图仪　03.370
tolerance　限差　02.307
tone　色调　04.329
topocentric coordinate system　站心坐标系　02.243
topographic control point　地形控制点　05.318
topographic correction　地形改正　02.196
topographic database　地形数据库　01.065
topographic-isostatic anomaly　地形均衡异常　02.368
topographic map　地形图　01.040
topographic map of mining area　井田区域地形图　05.173
topographic map of urban area　城市地形图　05.202
topographic survey　地形测量　05.013
topological data structure　拓扑数据结构　04.387
topological map　拓扑地图　04.086
topological object　拓扑对象　04.386
topological primitive　拓扑单形　04.385
topological relation　拓扑关系　04.283
topological retrieval　拓扑检索　04.282
toponomastics　地名学　01.045
toponymy　地名学　01.045
total closing error of traverse　导线全长闭合差　05.045
tourist map　旅游地图　04.068
towfish　拖鱼　07.166
tracing　蒙绘　04.217，透写图　06.153
track　航迹　06.182
track station　基准台，＊差分台　06.037
tract survey　宗地测量　05.276
transducer　换能器　07.094
transducer baseline　换能器基线　06.128
transducer dynamic draft　换能器动态吃水　06.127
transducer static draft　换能器静态吃水　06.126
transformer　纠正仪　07.181
transit　经纬仪　07.002
transit instrument　中星仪　07.043
transition curve location　缓和曲线测设　05.230
transit method　中天法　02.121
translation parameters　平移参数　02.246
transmiting line of sounder　测深仪发射线，＊测深仪零线　06.138
transmittance　透光率　03.113
transparent foil　网纹片　04.343
transparent negative　透明负片　03.042
transparent positive　透明正片　03.043
transverse projection　横轴投影　04.168
traverse angle　导线折角　05.041
traverse leg　导线边　05.040
traverse network　导线网　05.016
traverse point　导线点　05.039
traverse survey　导线测量　05.019
triangulateration　边角测量　05.018
triangulateration network　边角网　05.015
triangulation　三角测量　02.022
triangulation chain　三角锁　02.024
triangulation network　三角网　02.025
triangulation point　三角点　02.023
tribrach　三角基座　07.070
trigonometric leveling　三角高程测量　02.038
trigonometric leveling network　三角高程网　02.039
trilateration　三边测量　05.017
trilateration network　三边网　05.014

triple difference phase observation 三差相位观测 02.204
tripod 三脚架 07.082
tropospheric refraction correction 对流层折射改正 02.298
true error 真误差 02.305
true horizon 真地平线 03.125
true meridian 真子午线 05.251
truncation error 截断误差 02.320
tunnel survey 隧道测量 05.241
turning point method 逆转点法 05.144
twinkling map 瞬间地图 04.072
two-color laser ranger 双色激光测距仪 07.036
two-medium photogrammetry 双介质摄影测量 03.289
two-way route 双向航道 06.284
typal map 类型地图 04.057

U

UFGIS 城市基础地理信息系统 05.207
UGIS 城市地理信息系统 04.355
underground cavity survey 井下空硐测量 05.158
underground engineering survey 地下工程测量 05.305
underground oil depot survey 地下油库测量 05.130
underground pipeline survey 地下管线测量 05.201
underground railway survey 地下铁道测量 05.191
underground survey 井下测量, *矿井测量 05.148
underwater camera 水下摄影机 03.016
underwater photogrammetry 水下摄影测量 03.301
unit weight 单位权 02.322
universal method of photogrammetric mapping 全能法测图 03.171
Universal Polar Stereographic projection 通用极球面投影 04.177
universal time 世界时 02.108
Universal Transverse Mercator projection 通用横墨卡托投影 04.176
unsupervised classification 非监督分类 03.427
UPS 通用极球面投影 04.177
up-to-date map 现势地图 04.066
urban control survey 城市控制测量 05.184
urban foundational geographic information system 城市基础地理信息系统 05.207
urban geographic information system 城市地理信息系统 04.355
urban mapping 城市制图 04.021
urban survey 城市测量 05.183
urban topographic survey 城市地形测量 05.185
UT 世界时 02.108
UTC 协调世界时 02.111
UTM 通用横墨卡托投影 04.176

V

vanishing line 像地平线, *合线 03.127
vanishing point control 合点控制 03.187
variance-covariance component estimation 方差-协方差分量估计 02.372
variance-covariance matrix 方差-协方差矩阵 02.328
variance-covariance propagation law 方差-协方差传播律 02.329
variance of unit weight 单位权方差, *方差因子 02.325
variomat 变线仪 07.203
varioscale projection 变比例投影 04.170
VDOP 垂直精度衰减因子 02.360
vectograph method of stereoscopic viewing 偏振光立体观察 03.153
vector data 矢量数据 04.248
vector data structure 矢量数据结构 04.379
vector gravimetry 矢量重力测量 02.137
vector map database 矢量地图数据库 04.380
vector plotting 矢量绘图 04.288
Vening-Meinesz formula 维宁·曼尼斯公式 02.168
vertical angle 垂直角 05.021
vertical collimation error 竖盘指标差 07.109
vertical control network 高程控制网 05.005
vertical control point 高程控制点 05.008
vertical control survey 高程控制测量 05.062
vertical curve location 竖曲线测设 05.228
vertical dilution of precision 垂直精度衰减因子 02.360
vertical epipolar line 垂核线 03.138
vertical epipolar plane 垂核面 03.137
vertical gradient of gravity 重力垂直梯度 02.215

W

X

Y

Z

zenith angle 天顶距 02.041
zenith distance 天顶距 02.041
zero-phase effect 零相位效应 06.057
zero point of the tidal 验潮站零点 06.100
Zheng He's Nautical Chart 郑和航海图 06.227
zonal rectification 分带纠正 03.182
zone dividing meridian 分带子午线 02.089
zone plan 带状平面图 05.203
zone plate 波带板 07.095

汉 英 索 引

A

B

02.356
标准配置点　Gruber point　03.161
标准纬线　standard parallel　04.178
表面重建　surface reconstruction　03.490
冰后回弹　post glacial rebound　02.237
波茨坦重力系统　Potsdam gravimetric system　02.190
波带板　zone plate　07.095
K 波段测距　K-band ranging, KBR　02.355
波浪补偿　heave compensation, compensation of undulation　06.124
波浪补偿器　heave compensator　07.159
波罗－科普原理　Porro-Koppe principle　03.220
波谱测定仪　spectrometer　03.362
波谱集群　spectrum cluster　03.320
波谱特征空间　spectrum feature space　03.319
波谱特征曲线　spectrum character curve　03.317
波谱响应曲线　spectrum response curve　03.318
波束间角　beam spacing　06.131
波束角　wave beam angle, beam angle　06.130
波束掠射角　beam grazing angle　06.132
波束入射角　beam incident angle　06.133
补偿器　compensator　07.068
补偿器补偿误差　compensating error of compensator　07.110
布格改正　Bouguer correction　02.210
布格异常　Bouguer anomaly　02.212
布隆斯公式　Bruns formula　02.167
布耶哈马问题　Bjerhammar problem　02.166

C

采剥工程断面图　striping and mining engineering profile　05.179
采剥工程综合平面图　synthetic plan of striping and mining　05.180
采场测量　stope survey　05.156
采掘工程平面图　mining engineering plan　05.176
采区测量　survey in mining panel　05.154
采区联系测量　connection survey in mining panel　05.155
采样　sampling　03.259
采样间隔　sampling interval　03.261
彩色编码　color coding　03.390
彩色变换　color transformation　03.400
彩色复制　color reproduction　04.325
彩色感光材料　color sensitive material　03.055
彩色红外片　color infrared film, false color film　03.052
彩色校样　color proof　04.305
彩色片　color film　03.050
彩色摄影　color photography　03.061
彩色线划校样　dye line proof　04.309
彩色样图　color manuscript　04.320
彩色增强　color enhancement　03.417
彩色坐标系　color coordinate system　03.392
参考椭球　reference ellipsoid　02.012
参考椭球定位　orientation of reference ellipsoid　02.019
参数平差　parameter adjustment　02.334
参照数据　reference data　03.409
参照效应　reference effect　04.111
侧方交会　side intersection　05.057
侧扫声呐　side-scan sonar　07.137
测标　[measuring] mark　07.209
测波仪　wave gauge　07.164
测杆　measuring bar　07.086
测高仪　altimeter　07.188
测回　observation set　02.030
测绘标准　standards of surveying and mapping　01.003
测绘学　surveying and mapping, SM　01.001
测绘仪器　instrument of surveying and mapping　01.073
测角中误差　mean square error of angle observation　02.312
*测距差定位　hyperbolic positioning　06.022
测距经纬仪　distance theodolite　07.015
测距雷达　range-only radar　03.364
测距盲区　range hole　06.058
测距误差　distance-measuring error　07.117
测控条　control strip　04.310
测量标志　survey mark　01.013
测量觇标　observation target　01.014
测量船　survey vessel　06.174
测量规范　specifications of surveys　01.004
测量控制网　survey control network　05.003
测量平差　survey adjustment, adjustment of observations　01.052
测量误差　measurement error　01.051

磁偏角　magnetic declination　06.291
磁倾角　magnetic inclination, magnetic dip　05.249
磁象限角　magnetic bearing　05.253
磁子午线　magnetic meridian　05.250
粗差　gross error, outlier　01.057
粗差检测　gross error detection　03.244
粗码　coarse /acquisition code, C/A code　02.286

D

打样　proofing　04.306
大坝变形观测　dam deformation observation　05.304
大比例尺测图　large scale topographical mapping　05.093
大比例尺数字测图　large scale digital topographic mapping　05.094
大潮升　spring rise　06.096
大地测量边值问题　geodetic boundary value problem　02.161
大地测量参考系　geodetic reference system　02.152
大地测量反演　geodetic inversion　02.361
大地测量基准　geodetic datum　02.362
大地测量数据库　geodetic database　01.063
大地测量学　geodesy　01.005
大地测量仪器　geodetic instrument　07.001
大地方位角　geodetic azimuth　02.075
大地高　geodetic height, ellipsoidal height　02.074
大地基准　geodetic datum　01.015
大地经度　geodetic longitude　02.072
大地水准面　geoid　02.169
大地水准面高　geoidal height, geoidal undulation　02.172
大地天顶延迟　atmosphere zenith delay　02.295
大地天文学　geodetic astronomy　02.003
大地网　geodetic network　02.010
大地纬度　geodetic latitude　02.073
＊大地位　geopotential　02.144
大地线　geodesic　02.069
大地线微分方程　differential equation of geodesic　02.070
大地原点　geodetic origin　01.011
＊大地重力学　physical geodesy　02.004
大地主题反解　inverse solution of geodetic problem　02.082
大地主题正解　direct solution of geodetic problem　02.081
大地坐标　geodetic coordinate　02.071
大地坐标系　geodetic coordinate system　02.001
＊大环投影　gnomonic projection　04.163
大陆架地形测量　continental shelf topographic survey　06.157
大气传播延迟　atmospherical propagation delay　02.363
大气传输特性　characteristics of atmospheric transmission　03.316
大气窗　atmospheric window　03.313
大气改正　atmospheric correction　06.052
大气透过率　atmospheric transmissivity　03.314
大气遥感　atmospheric remote sensing　03.456
大气噪声　atmospheric noise　03.315
大气阻力摄动　atmospheric drag perturbation　02.263
大像幅摄影机　large format camera, LFC　03.017
大洋地势图　general bathymetric chart of the oceans, GEBCO　06.210
大洋水深图　ocean sounding chart　06.211
大圆航线图　great circle sailing chart　06.193
带谐系数　coefficient of zonal harmonics　02.157
带状平面图　zone plan　05.203
单差相位观测　single difference phase observation　02.202
单点定位　point positioning　02.201
单片坐标量测仪　monocomparator　07.179
单位权　unit weight　02.322
单位权方差　variance of unit weight　02.325
弹道摄影测量　ballistic photogrammetry　03.293
弹道摄影机　ballistic camera　03.015
当地平均海面　local mean sea level　06.007
挡差改正　correction for scale difference　06.123
导弹定向测量　missile orientation survey　05.291
导弹试验场工程测量　engineering survey of missile test site　05.290
导航电文　navigation message　02.364
导航台定位测量　navigation station positioning　05.289
导航图　navigation chart　06.194
导航线　leading line　06.179

导入高程测量　induction height survey　05.146
导线边　traverse leg　05.040
导线测量　traverse survey　05.019
导线点　traverse point　05.039
导线横向误差　lateral error of traverse　05.048
导线角度闭合差　angle closing error of traverse　05.044
导线结点　junction point of traverse　05.042
导线曲折系数　meandering coefficient of traverse　05.043
导线全长闭合差　total closing error of traverse　05.045
导线网　traverse network　05.016
导线相对闭合差　relative closing error of traverse　05.046
导线折角　traverse angle　05.041
导线纵向误差　longitudinal error of traverse　05.047
岛陆联测　island-mainland connection survey　06.005
岛屿测量　island survey　06.061
岛屿图　island chart　06.200
*倒锤法　inverse plummet observation　05.214
倒锤[线]观测　inverse plummet observation　05.214
*灯标性质　characteristic of light　06.267
灯高　height of light　06.272
灯光节奏　flashing rhythm of light　06.268
灯光射程　light range　06.273
灯光遮蔽　eclipse　06.270
灯光周期　light period　06.271
灯色　light color　06.269
灯质　characteristic of light　06.267
等比线　isometric parallel　03.121
等变形线　distortion isograms　04.181
等高距　contour interval　01.050
等高棱镜　contour prism　07.077
等高线　contour　01.049
等高仪　astrolabe　07.041
等积投影　equivalent projection　04.156
等级感　ordered perception　04.130
等级结构　hierarchical organization　04.115
等角定位格网　equiangular positioning grid　06.030
等角投影　conformal projection　04.155
等精度[曲线]图　equiaccuracy chart　06.034
等距量表　interval scaling　04.136
等距投影　equidistant projection　04.157
等距圆弧格网　equilong circle arc grid　06.033
等量纬度　isometric latitude　02.087
等偏摄影　parallel-averted photography　03.280
等倾摄影　equally tilted photography　03.282
等权代替法　method of equalweight substitution　05.076
等深线　depth contour　06.261
等值灰度尺　equal value gray scale　04.334
*等值区域法　cartogram method, choroplethic method　04.201
等值区域图　choroplethic map　04.055
等值线地图　isoline map　04.053
等值线法　isoline method　04.195
低潮线　low water line　06.255
堤坝施工测量　dam construction survey　05.217
底板测点　floor station　05.152
底点纬度　latitude of pedal　02.093
底色去除　base-color removal　04.139
底色增益　base-color enhancement　04.140
底质　quality of the bottom, bottom characteristics　06.262
底质采样　bottom characteristics sampling　06.148
底质调查　bottom characteristics exploration　06.147
底质分布图　bottom sediment chart　06.214
地表移动观测站　observation station of surface movement　05.170
地产界测量　property boundary survey　05.277
地磁经纬仪　magnetism theodolite　07.012
地磁仪　magnetometer　07.059
地底点　ground nadir point　03.119
地固坐标系　body-fixed coordinate system, earth-fixed coordinate system　02.242
地基系统　ground-based system　02.186
地极坐标系　coordinate system of the pole　02.105
地籍　cadastre　05.259
地籍簿　land register　05.264
地籍册　cadastral list　05.263
地籍测量　cadastral survey　05.261
地籍调查　renewal of cadastre　05.260
地籍更新　renewal of the cadastre　05.271
地籍管理　cadastral management　05.265
地籍图　cadastral map　05.262
地籍信息　cadastral information　05.282
地籍信息系统　cadastral information system　05.283
地籍修测　cadastral revision　05.270
地籍制图　cadastral mapping　04.022
地界　abuttals　05.274

地界测量　land boundary survey　05.273
地块　parcel of land, piece of ground　05.275
地块测量　parcel survey　05.280
地类界图　land boundary map　05.278
地理格网　geographic grid　04.225
地理空间数据　geospatial data　04.356
地理空间信息　geo-spatial information　01.085
地理视距　geographical viewing distance　06.056
地理信息传输　geographic information communication　04.258
地理信息系统　geographic information system, GIS　01.061
地理要素　geographic feature　04.357
地理坐标　geographic coordinate　01.037
地貌图　geomorphological map　04.043
地貌形态示量图　morphometric map　04.044
地面采样距离　ground sample distance, GSD　03.099
地面接收站　ground receiving station　03.329
地面立体测图仪　terrestrial stereoplotter　07.172
地面摄谱仪　terrestrial spectrograph　03.363
地面摄影测量　terrestrial photogrammetry　03.278
地面摄影机　terrestrial camera　03.014
地面实况　ground truth　03.376
地面照度　illuminance of ground　03.097
地名　geographical name, place name　01.046
地名标准化　place-name standardization　04.238
地名录　gazetteer　04.243
地名数据库　place-name database　01.068
地名索引　geographical name index　04.242
地名通名　geographical general name　04.240
地名学　toponomastics, toponymy　01.045
地名正名　orthography of geographical name　04.239
地名转译　geographical name transcription, geographical name transliteration　04.241
地平线摄影机　horizon camera　03.019
地平线像片　horizon photograph　03.102
地壳均衡　isostasy　02.238
地壳均衡改正　isostatic correction　02.208
地壳形变观测　crust deformation measurement　02.222
地倾斜观测　ground tilt measurement　02.221
*地球长半轴　semimajor axis of ellipsoid　02.056
地球定向参数　earth orientation parameter, EOP　02.248
地球动力扁率　dynamic ellipticity of the earth　02.235
地球动力因子　dynamic factor of the earth　02.236
*地球短半轴　semiminor axis of ellipsoid　02.057
地球科学激光测高系统　geoscience laser altimeter system, GLAS　02.365
地球空间信息学　geomatics, geo-spatial information science　01.086
地球曲率改正　correction for earth's curvature　02.366
地球同步卫星　geo-synchronous satellite, geostationary satellite　03.345
地球椭球　earth ellipsoid　01.010
地球位　geopotential　02.144
地球位数　geopotential number　02.048
地球位系数　potential coefficient of the earth　02.156
地球形状　earth shape, figure of the earth　01.006
地球仪　globe　04.009
地球引力摄动　terrestrial gravitational perturbation　02.260
地球重力场　earth's gravity field　02.367
地球重力场模型　earth gravity model　02.155
地球资源卫星　earth resources technology satellite, ERTS　03.343
地球自转参数　earth rotation parameter, ERP　02.106
地球自转角速度　rotational angular velocity of the earth　02.154
地势图　hypsometric map　04.042
地图　map　01.039
地图编绘　map compilation　04.210
地图编辑　map editing　04.212
地图表示法　cartographic presentation　04.183
地图传输　cartographic communication　04.008
地图叠置分析　map overlay analysis　04.275
地图分类　cartographic classification　04.026
地图分析　cartographic analysis　04.013
地图符号库　map symbols bank　04.257
地图符号学　cartographic semiology　04.011
地图负载量　map load　04.154
地图复杂性　map complexity　04.098
地图复制　map reproduction　04.211
地图感受　map perception　04.119
地图更新　map revision　04.018
地图规范　map specification　04.358
地图集　atlas　04.029
地图集信息系统　atlas information system　04.350
地图利用　map use　04.014

电子航海图　electronic navigational chart, ENC　06.233
电子经纬仪　electronic theodolite　07.004
电子平板仪　electronic plane-table　07.031
电子求积仪　electronic planimeter　07.033
电子手簿　data recorder　07.100
电子水准仪　electronic level　07.023
电子速测仪　electronic tacheometer, electronic stadia instrument, electronic tachymeter total station　07.016
电子显微摄影测量　nanophotogrammetry　03.288
电子相关　electronic correlation　03.268
电子印像机　electronic printer　07.198
*叠标线　leading line　06.179
叠幅　overlap　06.183
叠加　overlay　04.312
叠栅条纹图　moiré topography　03.292
叠印　overprint　04.313
顶板测点　roof station　05.151
定额指标　index for selection norm　04.122
定深扫海　sweeping at definite depth　06.080
定位标记　positioning mark　06.139
定位点间距　positioning interval　06.029
定位定姿系统　POS, Position and Orientation System　03.513
定位检索　retrieval by window　04.281
定位统计图表法　positioning diagram method　04.200
定线测量　alignment survey　05.189
定向点　orientation point　03.162
定向连接测量　orientation connection survey　05.140
定向连接点　connection point for orientation, connection point　05.137
定向天线　directional antenna　07.091
定向运动地图　orienteering map　04.069
定性检索　retrieval by header　04.280
定影　fixing　03.091
*东西星等高测时法　method of time determination by Zinger star-pair　02.120
动感　autokinetic effect　04.127
动画引导　animated steering　04.128
动力大地测量学　dynamic geodesy　02.007
动态变量　dynamic variable　04.126
动态地景仿真　dynamic landscape simulation　04.260
动态地图　dynamic map　04.073
动态定位　kinematic positioning　02.199
动态监测　dynamic monitoring　05.306
动态遥感器　dynamic sensor　03.351
独立交会高程点　elevation point by independent intersection　05.070
独立模型法空中三角测量　independent model aerial triangulation　03.235
独立坐标系　independent coordinate system　05.100
杜德森常数　Doodson constant　02.231
度盘　circle　07.067
断层位错测量　fault dislocation surveying　02.371
断面测量　section survey　05.307
断面仪　profiler　07.192
对景图　front view　06.289
对流层折射改正　tropospheric refraction correction　02.298
对数尺　logarithmic scale　06.249
对中杆　centering rod　07.083
多倍仪　multiplex　07.180
多边形地图　polygonal map　04.050
多边形结构　polygon structure　04.269
多边形平差法　adjustment by the method of polygon　05.077
多波束测深　multibeam echosounding　06.075
多波束测深系统　multibeam sounding system　07.146
多层结构　multi-layer organization　04.118
多光谱扫描仪　multi-spectrum scanner　03.497
多光谱摄影　multispectral photography　03.067
多光谱摄影机　multispectral camera　03.013
多级纠正　multistage rectification　03.183
多焦点投影　polyfocal projection　04.172
多里斯系统　Doppler Orbitograph and Radio Positioning Intergrated by Satellite, DORIS　02.188
多路径效应　multipath effect　02.297
多媒体地图　multimedia map　04.080
多年平均海面　multi-year mean sea level　06.011
多普勒单点定位　Doppler point positioning　02.279
多普勒短弧法定位　Doppler positioning by the short arc method　02.281
多普勒计数　Doppler count　02.290
多普勒联测定位　Doppler translocation　02.280
多普勒声呐　Doppler sonar　07.138
多谱段扫描仪　multispectral scanner, MSS　03.372
多谱段遥感　multispectral remote sensing　03.308
多时相分析　multi-temporal analysis　03.391
多时相遥感　multi-temporal remote sensing　03.309

多视几何　multiple view geometry　03.455
多星等高法　equal-altitude method of multi-star　02.124
多影像配准　multi-imagery registration　03.508
多用途地籍　multi-purpose cadastre　05.266
多余观测　redundant observation　02.304
多圆锥投影　polyconic projection　04.162

E

厄特沃什效应　Eötvös effect　06.160
二倍照准部互差　discrepancy between twice collimation error　07.112
*二倍照准差　discrepancy between twice collimation error　07.112
二值图像　binary image　03.396

F

法方程　normal equation　02.341
法截面　normal section　02.062
法伊改正　Faye correction　02.207
反差　contrast　03.094
反差系数　contrast coefficient　03.095
反差增强　contrast enhancement　03.413
反立体效应　pseudostereoscopy　03.157
反射波谱　reflectance spectrum　03.321
反束光导管摄影机　return beam vidicon camera　03.020
反像　wrong-reading, mirror reverse　04.302
反转片　reversal film　03.044
范围法　area method　04.196
方差－协方差传播律　variance-covariance propagation law　02.329
方差－协方差分量估计　variance-covariance component estimation　02.372
方差－协方差矩阵　variance-covariance matrix　02.328
*方差因子　variance of unit weight　02.325
方里网　kilometer grid　04.223
方位角中误差　mean square error of azimuth　02.313
方位圈　compass rose　06.290
方位投影　azimuthal projection　04.159
方向附合导线　direction-connecting traverse　05.150
方向观测法　method of direction observation, method by series　02.029
房地产地籍　real estate cadastre　05.269
仿射纠正　affine rectification　03.181
放样测量　setting-out survey　05.188
非地形摄影测量　non-topographic photogrammetry　03.295
非监督分类　unsupervised classification　03.427
非量测摄影机　non-metric camera　03.006
非坐标位置　indirect position　04.394
菲列罗公式　Ferrero's formula　02.027
分版原图　flap　04.220
分瓣投影　interrupted projection　04.171
分布式地理信息系统　distributed geographic information system　04.361
分层　layer　04.254
分层设色表　graduation of tints　04.190
分层设色法　hypsometric layer　04.189
分潮　constituent　06.107
分潮迟角　epoch of partial tide　06.109
分潮振幅　amplitude of partial tide　06.108
分带纠正　zonal rectification　03.182
分带子午线　zone dividing meridian　02.089
分工法测图　differential method of photogrammetric mapping　03.172
分类器　classifier　03.425
*分区量值地图　choroplethic map　04.055
分区密度地图　dasymetric map　04.056
分区统计图表法　chorisogram method, cartodiagram method　04.199
分区统计图法　cartogram method, choroplethic method　04.201
分色　color separation　04.318
分色参考图　color separated script　04.319
分析地图　analytical map　04.060
*缝隙纠正仪　orthoscope　07.182
浮雕影像地图　picto-line map　04.085
浮子验潮仪　float gauge　07.154
符号化　symbolization　04.153
辐射校正　radiometric correction　03.378
辐射三角测量　radial triangulation　03.199
辐射线格网　radial positioning grid　06.031
辐射遥感器　radiation sensor　03.355

＊辅助等高线　extra contour　04.187
负荷潮　load tide　02.228
负荷位　load potential　02.373
负片　negative　03.041
附参数条件平差　condition adjustment with parameters　02.338
附合导线　connecting traverse　05.028
附合水准路线　connecting leveling line　05.064
附加位　additional potential　02.229
附条件参数平差　parameter adjustment with conditions　02.335
＊附条件间接平差　parameter adjustment with conditions　02.335
复测法　repetition method　05.061
复垦测量　reclamation survey　05.160
复照仪　reproduction camera　07.197
副台　slave station　06.041
覆盖　coverage　04.362
覆盖几何　coverage geometry　04.363

G

伽利略卫星导航系统　Galileo satellite navigation system　02.374
概率判决函数　probability decision function　03.424
概然误差　probable error　02.318
干出高度　drying height　06.256
干出滩　dry shoal　06.254
感光　sensitization　03.092
感光材料　sensitive material　03.054
感光测定　sensitometry　03.057
感光度　sensitivity　03.056
感光特性曲线　sensitometric characteristic curve　03.058
感受效果　perceptual effect　04.120
港口　port　06.282
港口工程测量　harbor engineering survey　05.221
港口疏浚测量　harbor dredge survey　06.063
港湾测量　harbor survey　06.062
港湾锚地图集　harbor/anchorage atlas　06.225
港湾图　harbor chart　06.190
高差位移　relief displacement, height displacement　03.129
高差仪　statoscope　07.191
高程　height　02.049
高程测量　vertical survey　05.012
高程导线　height traverse　05.068
高程点　elevation point　05.050
高程基准　height datum　01.017
高程控制测量　vertical control survey　05.062
高程控制点　vertical control point　05.008
高程控制网　vertical control network　05.005
高程系统　height system　01.022
高程异常　height anomaly　02.173
高程中误差　mean square error of height　02.316
高度角　elevation angle, altitude angle　02.042
高斯－克吕格投影　Gauss-Krüger projection　02.085
高斯平面子午线收敛角　Gauss grid convergence　02.090
高斯平面坐标系　Gauss plane coordinate system　02.094
高斯投影方向改正　arc-to-chord correction in Gauss projection　02.092
高斯投影距离改正　distance correction in Gauss projection　02.091
高斯中纬度公式　Gauss midlatitude formula　02.083
格洛纳斯导航卫星系统　global navigation satellite system, GLONASS　02.185
格网单元　cell　04.226
格网地图　grid map　04.051
格网结构　grid structure　04.268
跟踪数字化　digitizing by tracing method　04.251
工厂现状图测量　survey of present state at industrial site　05.193
工程测量学　engineering surveying　05.001
工程经纬仪　engineer's theodolite　07.006
工程控制网　engineering control network　05.079
工程摄影测量　engineering photogrammetry　03.294
工程水准仪　engineer's level　07.025
工业测量　industrial survey　05.308
工业测量系统　industrial measuring system　07.122
工业摄影测量　industrial photogrammetry　03.296
公路工程测量　road engineering survey　05.223
功率谱　power spectrum　03.322
共面方程　coplanarity equation　03.229
共线方程　collinearity equation　03.228

＊构架航线　control strip　03.087
构像方程　imaging equation　03.227
古地图　ancient map　04.038
骨架航线　control strip　03.087
固定平极　fixed mean pole　02.102
＊固定台　base station　06.035
固定误差　fixed error, constant error　07.101
固定相移　fixed phase drift, phase bias　06.047
固体潮　[solid] Earth tide　02.219
观测方程　observation equation　02.336
管道测量　pipe survey　05.190
管道综合图　synthesis chart of pipelines　05.204
贯通测量　holing through survey, breakthrough survey　05.166
惯性测量系统　inertial surveying system, ISS　01.027
惯性测量装置　inertial measurement units, IMU　02.428
惯性大地测量　inertial geodetic surveying　02.375
惯性导航系统　inertial navigation system, INS　02.376
惯性坐标系　inertial coordinate system　02.239
惯用名　conventional name　04.237
灌区平面布置图　irrigation layout plan　05.258
光电测距导线　EDM traverse　05.035
光电测距仪　electro-optical distance meter　07.035
光电等高仪　photoelectric astrolabe　07.042
光电遥感器　photoelectronic sensor　03.354
光电中星仪　photoelectric transit instrument　07.044
光密度　optical density　03.106
光谱测量　spectral measurement　03.463
光谱分辨率　spectral resolution　03.464
光谱分析　spectral analysis　03.465
光谱感光度　spectral sensitivity　03.059
＊光谱灵敏度　spectral sensitivity　03.059
光圈　aperture　03.031
光圈号数　f-number, stop-number　03.032
光束法空中三角测量　bundle aerial triangulation　03.236
光束法区域网平差　bundle block adjustment　03.471
光学传递函数　optical transfer function, OTF　03.111
光学对中器　optical plummet　07.072
光学机械纠正　optical-mechanical rectification　03.178
光学机械投影　optical-mechanical projection　03.205
光学经纬仪　optical theodolite　07.003
光学纠正　optical rectification　03.177
光学水准仪　optical level　07.022
光学条件　optical condition　03.184
光学投影　optical projection　03.203
光学图解纠正　optical graphical rectification　03.180
光学图像处理　optical image processing　03.374
光学相关　optical correlation　03.267
光学镶嵌　optical mosaic　03.191
光学遥感器　optical sensor　03.352
光学[仪器]定位　optical instrument positioning　06.015
光栅　grating　07.090
广播星历　broadcast ephemeris　02.291
广域差分全球定位系统　wide area differential GPS, WADGPS　02.377
广域增强系统　wide area augmentation system, WAAS　02.378
归化纬度　reduced latitude　02.086
归心改正　reduction to centring　02.032
归心元素　element of centring　02.031
龟纹　moire　04.138
规划测量　planning survey　05.309
规划地图　planning map　04.063
规矩线　register mark　04.307
轨道坐标系　orbital coordinate system　02.241
国际测量师联合会　Fédération Internationale des Géomètres, FIG　01.078
国际大地测量协会　International Association of Geodesy, IAG　01.080
国际大地测量与地球物理联合会　International Union of Geodesy and Geophysics, IUGG　01.079
国际地球参考框架　international terrestrial reference frame, ITRF　02.016
国际地球参考系统　international terrestrial reference system, ITRS　02.380
国际地球自转服务局　International Earth Rotation Service, IERS　02.014
国际地球自转和参考系服务　International Earth Rotation and Reference Systems Service, IERRSS　02.381
国际 GNSS 服务　International GNSS Service, IGS　02.379
国际海道测量组织　International Hydrographic Organization, IHO　01.084
国际海图　international chart　06.206
国际矿山测量学会　International Society of Mine Surveying　01.083
国际摄影测量与遥感学会　International Society for Pho-

togrammetry and Remote Sensing, ISPRS　01.081
国际时间局　Bureau International de I'Heure, BIH　02.382
国际天球参考框架　international celestial reference frame, ICRF　02.015
国际协议原点　Conventional International Origin, CIO　02.104
国际原子时　international atomic time, TAI　02.110
国际制图协会　International Cartographic Association, ICA　01.082
1971 国际重力基准网　International Gravity Standardization Net 1971, IGSN 1971　02.349
2000 国家大地控制网　2000 National Geodetic Control Network of China　02.426
2000 国家 GPS 大地控制网　National GPS Geodetic Control Network 2000　02.352
2000 国家大地坐标系　Chinese geodetic Coordinate System 2000　01.021
国家地图集　national atlas　04.089
1985 国家高程基准　National Vertical Datum 1985　01.020
国家基础地理信息系统　national fundamental geographic information system　04.397
国家天文大地网　astro-geodetic network　02.011
1957 国家重力基准网　National Gravity Fundamental Network 1957, NGFN 1957　02.427
1985 国家重力基准网　National Gravity Fundamental Network 1985, NGFN 1985　02.351
2000 国家重力基准网　National Gravity Fundamental Network 2000, NGFN 2000　02.353
国土资源遥感　land resource remote sensing　03.459

H

海岸　coast　06.251
海岸地形测量　coast topographic survey　06.070
海岸图　coast chart　06.189
海岸线　coast line　06.252
海岸性质　nature of the coast　06.253
海拔　height above the mean sea level　01.025
海潮模型　ocean tidal model　02.226
海道测量　hydrographic survey　06.059
海底采样器　seabed sampler　07.158
海底地貌　submarine geomorphology　06.259
海底地貌图　submarine geomorphologic chart　06.213
海底地势图　submarine situation chart　06.208
海底地形测量　bathymetric survey, bathymetry　06.156
海底地形模型　bathymetric model, seafloor elevation model　06.173
海底地形图　bathymetric chart　06.209
海底地形学　submarine topography　06.155
海底地质构造图　submarine geological structure chart　06.215
海底管道　submarine pipeline　06.274
海底控制点　submarine control point　06.004
海底控制网　submarine control network　06.003
海底倾斜改正　seafloor slope correction　06.135
海底声标　acoustic beacon on bottom　07.133
海底施工测量　submarine construction survey　06.170
海底隧道测量　submarine tunnel survey　06.171
海底图像系统　seafloor imaging system　07.140
海福德椭球　Hayford ellipsoid　02.017
海军导航卫星系统　Navy Navigation Satellite System, NNSS　02.191
海军勤务测量　naval service survey　06.166
海控点　hydrographic control point　06.060
＊海流观测　current survey　06.150
海流计　current meter　07.163
海面地形　sea surface topography　06.013
海区界线　sea area boundary line　06.275
海区资料调查　sea area information investigation　06.154
海区总图　general chart of the sea　06.187
海图　chart　06.185
海图比例尺　chart scale　06.242
海图编号　chart numbering　06.241
海图编制　chart compilation　06.239
海图标题　chart title　06.293
海图大改正　chart large correction　06.297
海图单元　chart cell　06.229
海图分幅　chart subdivision　06.240
海图改正　chart correction　06.295
海图基准面　chart datum　06.089
海图数据库　chart database　06.234
海图投影　chart projection　06.243

海图图廓 chart boarder 06.246
海图图式 symbols and abbreviations on chart 06.245
海图小改正 chart small correction 06.296
海图制图 charting 06.184
海图注记 lettering of chart 06.294
海洋测绘数据库 hydrograpic surveying and charting database 01.071
海洋测绘学 hydrography and nautical cartography 01.072
海洋测量 marine survey 06.001
海洋测量定位 marine positioning 06.014
海洋测量信息系统 hydrographic information system 06.172
海洋磁力测量 marine magnetic survey 06.164
海洋磁力图 marine magnetic chart 06.217
海洋磁力仪 marine magnetometer 07.056
海洋磁力异常 marine magnetic anomaly 06.165
海洋大地测量 marine geodetic survey 06.002
海洋大地测量学 marine geodesy 02.008
海洋负荷 oceanic load 02.262
海洋工程测量 marine engineering survey 06.169
海洋划界测量 marine demarcation survey 06.168
海洋环境图 marine environmental chart 06.218
海洋气象图 marine meteorological chart 06.221
海洋生物图 marine biological chart 06.223
海洋水文图 marine hydrological chart 06.219
海洋水准测量 marine leveling 06.006
海[洋]图集 marine atlas 06.224
海洋卫星 Seasat 03.340
海洋质子采样器 marine bottom proton sampler 07.060
海洋质子磁力仪 marine proton magnetometer 07.057
海洋重力测量 marine gravimetry 06.159
海洋重力仪 marine gravimeter 07.055
海洋重力异常 marine gravity anomaly 06.163
海洋重力异常图 chart of marine gravity anomaly 06.216
海洋专题测量 marine thematic survey 06.158
海洋资源图 marine resource chart 06.222
航标表 list of lights 06.303
航标测量 navigation mark survey 06.064
航测地面标志 artificial photogrammetric target 03.466
航测内业 photogrammetric office work 03.467
航测外业 photogrammetric field work 03.468
航带 strip 03.469
航带法空中三角测量 strip aerial triangulation 03.234
航带法区域网平差 block adjustment with strip method 03.470
航道 fairway, channel 06.283
航道图 navigation channel chart 06.202
航高 flying height, flight height 03.081
航海天文历 nautical almanac 06.306
航海通告 notice to mariners, NtM 06.299
航海图 nautical chart 06.186
航迹 track 06.182
航空摄谱仪 aerial spectrograph 03.361
航空摄影 aerial photography 03.004
航空摄影比例尺 photographic scale 03.075
航空摄影测量 aerophotogrammetry, aerial photogrammetry 03.283
航空摄影机 aerial camera 03.005
航空图 aeronautical chart 04.087
* 航空像片 aerial photograph 03.101
航空遥感 aerial remote sensing 03.303
航空影像 aerial image 03.472
航空重力测量 airborne gravity measurement 02.180
航路指南 sailing direction 06.302
航摄计划 flight plan of aerial photography 03.079
航摄检校场 calibration field for aerial photogrammetric camara 03.479
航摄领航 navigation of aerial photography 03.078
航摄漏洞 aerial photographic gap 03.080
航摄滤光片 aerophotographic filter 03.480
航摄软片 aerial film 03.053
航摄像片 aerial photograph 03.101
航摄质量 quality of aerophotography 03.077
航速 speed 06.180
航天飞机 space shuttle 03.338
航天摄影 space photography 03.003
航天摄影测量 spatial photogrammetry 03.439
航天遥感 space remote sensing 03.304
航天影像 space image 03.473
航向 course 06.175
航向重叠 longitudinal overlap, end overlap, forward overlap, fore-and-aft overlap 03.085
航向倾角 longitudinal tilt, pitch 03.147
航向向上显示 course-up display 06.238
航行通告 notice to navigator 06.300
航行图 sailing chart 06.188

航行障碍物　navigation obstruction　06.257
航行障碍物探测　observation of navigation obstruction　06.152
巷道验收测量　footage measurement of workings　05.165
合成地图　synthetic map　04.062
合成孔径雷达　synthetic aperture radar, SAR　03.369
合点控制　vanishing point control　03.187
*合线　image horizon, horizon trace, vanishing line　03.127
河道整治测量　river improvement survey　05.257
河外致密射电源　extragalactic compact radio source　02.294
核点　epipole　03.132
核面　epipolar plane　03.133
核面几何　epipolar geometry　03.454
核线　epipolar line, epipolar ray　03.134
核线相关　epipolar correlation　03.270
核线影像　epipolar image　03.476
盒式分类法　box classification method　03.428
黑白片　black-and-white film　03.049
黑白摄影　black-and-white photography　03.060
恒时钟　sidereal clock　07.047
恒星敏感器　stellar sensor　02.383
恒星摄影机　stellar camera　03.018
恒星时　sidereal time　02.107
恒星中天测时法　method of time determination by star transit　02.122
横断面测量　cross-section survey　05.087
横断面图　cross-section profile　05.089
横轴投影　transverse projection　04.168
红外辐射计　infrared radiometer　03.367
红外片　infrared film　03.048
红外扫描仪　infrared scanner　03.371
红外摄影　infrared photography　03.063
红外探测器　infrared detectors　03.509
红外图像　infrared imagery　03.333
红外遥感　infrared remote sensing　03.310
红外影像　infrared image　03.477
后方交会　resection　05.058
弧度测量　arc measurement　02.384
湖泊测量　lake survey　06.069
互补色地图　anaglyphic map　04.084
互补色镜　anaglyphoscope　07.208
互补色立体观察　anaglyphical stereoscopic viewing　03.152
环境地图　environmental map　04.046
环境探测卫星　environmental survey satellite　03.344
环境遥感　environmental remote sensing　03.457
缓冲区　buffer　04.364
缓冲区分析　buffer analysis　04.365
缓和曲线测设　spiral curve location, transition curve location　05.230
换能器　transducer　07.094
换能器吃水改正　correction for transducer draft　06.125
换能器动态吃水　transducer dynamic draft　06.127
换能器基线　transducer baseline　06.128
换能器基线改正　correction of transducer baseline　06.129
换能器静态吃水　transducer static draft　06.126
1956 黄海平均海[水]面　Huang Hai mean sea level　01.024
*灰色调　middle tone　04.332
灰楔　grey wedge, optical wedge　03.114
*回光灯　signal lamp　07.075
回声测冰仪　ice fathometer　07.156
回声测深　echo sounding　06.074
回声测深仪　echo sounder　07.147
回头曲线测设　hair-pin curve location　05.231
回照器　helioscope, helios　07.076
汇水面积测量　catchment area survey　05.220
绘图机　plotter　07.193
绘图文件　plotting file　04.287
混合潮港　mixed tidal harbor　06.106
混合像素　hybrid pixel　03.481

J

机场测量　airport survey　05.194
机场跑道测量　airfield runway survey　05.195
机械投影　mechanical projection　03.204
机载激光测深　airborne laser sounding　06.073
机载遥感器　airborne sensor　03.357
机助测图　computer-assisted plotting, computer-aided mapping　03.250
机助地图制图　computer-aided cartography, computer-

交会高程测量　vertical survey by intersection　05.071
交线条件　condition of intersection, Scheimpflug condition, Czapski condition　03.188
交向摄影　convergent photography　03.281
胶印　offset printing　04.291
焦距　focal length　03.025
*焦面快门　focal plane shutter, curtain shutter　03.028
礁石　rock　06.258
教学地图　school map　04.065
接触网屏　contact screen　04.338
接触印刷　contact printing　04.292
GLONASS 接收机　GLONASS receiver　07.040
GPS 接收机　GPS receiver　07.039
接收机可交换格式　receiver indepedent exchange format, RINEX　02.387
接收中心　receiving center　06.049
结点平差　adjustment by the method of junction point　05.078
截断误差　truncation error　02.320
截面差改正　correction from normal section to geodesic　02.080
截止高度角　elevation mask　02.388
解析测图　analytical mapping　03.248
解析测图仪　analytical plotter　07.171
解析定向　analytical orientation　03.247
解析纠正　analytical rectification　03.246
解析空中三角测量　analytical aerotriangulation　03.233
解析摄影测量　analytical photogrammetry　03.285
解析图根点　analytic mapping control point　05.053
*解译　interpretation　03.194
界址点　boundary mark, boundary point　05.281
金属弹簧重力仪　metallic spring gravimeter　07.051
津格尔[星对]测时法　method of time determination by Zinger star-pair　02.120
近程定位系统　short-range positioning system　07.124
近海测量　offshore survey　06.066
近井点　control point near shaft　05.113
近景摄影测量　close-range photogrammetry　03.290
近似地形面　telluroid　02.171
近似平差　approximate adjustment　05.074
禁区界线　forbidden zone boundary line　06.276
禁[止抛]锚区　anchorage-prohibited area　06.279
经度起算点　origin of longitude　02.098
经济地图　economic map　04.035
经纬[线]网　fictitious graticule　04.396
经纬仪　theodolite, transit　07.002
经纬仪测绘法　mapping method with transit　05.092
经纬仪导线　theodolite traverse　05.030
精度因子　dilution of precision, DOP　02.330
精码　precise code, P code　02.287
精密测距　precise ranging　05.295
精密垂准　precise plumbing　05.297
精密单点定位　precise point positioning, PPP　02.389
精密导线测量　precise traversing　02.037
精密定位服务　precise positioning service, PPS　02.390
精[密]度　precision　01.053
精密工程测量　precise engineering survey　05.293
精密工程控制网　precise engineering control network　05.294
精密机械安装测量　precise mechanism installation survey　05.299
精密立体测图仪　precision stereoplotter　07.170
精密水准测量　precise leveling　02.046
精密水准仪　precise level　07.024
精密星历　precise ephemeris　02.292
精密准直　precise alignment　05.296
井底车场平面图　shaft bottom plan　05.175
井上下对照图　surface-underground contrast plan　05.177
井探工程测量　shaft prospecting engineering survey　05.117
井田区域地形图　topographic map of mining area　05.173
井筒十字中线标定　setting-out of cross line through shaft center　05.161
井下测量　underground survey　05.148
井下空硐测量　underground cavity survey　05.158
景观地图　landscape map　04.045
景深　depth of field　03.029
景物反差　object contrast　03.096
景像匹配制导　scene matching guidance　03.507
净空区测量　clearance limit survey　05.288
径向畸变　radial distortion　03.037
静电复印　xerography　04.316
静态定位　static positioning　02.198
静态遥感器　static sensor　03.350
纠正　rectification　03.174
纠正仪　rectifier, transformer　07.181

纠正元素　element of rectification　03.186
局域增强系统　local area augmentation system, LAAS　02.391
矩形分幅　rectangular mapsheet　05.096
距离测量　distance measurement　05.033
*距离方位定位　polar coordinate positioning　06.023
*距离-距离定位　range-range positioning　06.021
距离判决函数　distance decision function　03.423
聚类分析　cluster analysis　03.512
绝对定向　absolute orientation　03.166
绝对定向元素　elements of absolute orientation　03.168
绝对航高　absolute flying height　03.083
绝对误差　absolute error　02.309
绝对阈　absolute threshold　04.123
绝对重力测量　absolute gravity measurement　02.178
绝对重力仪　absolute gravimeter　07.054
军事测绘　military surveying and mapping　01.088
军事工程测量　military engineering survey　05.287
军用地图　military map　04.032
军用海图　military chart　06.205
竣工测量　acceptance survey　05.085

K

开采沉陷观测　mining subsidence observation　05.169
开采沉陷图　map of mining subsidence　05.182
开窗　windowing　04.277
*开窗检索　retrieval by window　04.281
开放式地理信息系统　open geographic information system, open GIS　04.367
勘测设计阶段测量　survey for reconnaissance and design　05.083
勘界　boundary survey　05.312
勘探基线　prospecting baseline　05.111
勘探网测设　prospecting network layout　05.109
勘探线测量　prospecting line survey　05.110
勘探线剖面图　prospecting line profile map　05.119
康索尔海图　Consol chart　06.198
抗差估计　robust estimation　02.332
考古摄影测量　archaeological photogrammetry　03.298
克拉索夫斯基椭球　Krasovsky ellipsoid　02.018
克莱罗定理　Clairaut theorem　02.160
刻绘　scribing　04.216
刻图仪　scriber　07.196
坑道平面图　adit plane　05.120
坑探工程测量　adit prospecting engineering survey　05.118
空基系统　space-based system　02.187
空间大地测量学　space geodesy　02.005
空间对象　spatial object　04.368
空间分析　spatial analysis　04.369
空间改正　free-air correction　02.195
空间后方交会　space resection　03.221
空间前方交会　space intersection　03.222
空间实验室　Spacelab　03.337
空间数据仓库　spatial data warehouse　04.370
空间数据基础设施　spatial data infrastructure, SDI　01.075
空间数据库管理系统　spatial database management system　01.062
空间数据挖掘　spatial data mining　04.371
空间数据质量控制　quality control for spatial data　04.372
空间数据转换　spatial data transfer　04.271
空间信息可视化　visualization of spatial information　04.256
空间信息网格　spatial information grid, SIG　04.373
空间信息系统　spatial information system, SIS　04.374
空间异常　free-air anomaly　02.213
空中导线测量　aeropolygonometry　03.217
空中三角测量　aerotriangulation　03.215
GPS 空中三角测量　GPS aerotriangulation　03.239
空中水准测量　aeroleveling　03.216
控制测量　control survey　05.010
控制点　control point　05.006
库容测量　reservoir storage survey　05.218
跨河水准测量　river-crossing leveling　02.055
块改正　block correction　06.230
块状图　block diagram　04.206
快门　shutter　03.026
宽角航摄仪　wide-angle aerial camera　03.447
宽巷观测值　wide lane observation　02.392
矿产图　map of mineral deposits　05.122
矿场平面图　mining yard plan　05.174

＊矿井测量　underground survey　05.148
矿区控制测量　control survey of mining area　05.133
矿山测量　mine survey　01.029
矿山测量交换图　exchanging document of mining survey　05.181
矿山测量图　mine map　05.172
矿山测量学　mine surveying　05.132
矿山经纬仪　mining theodolite　07.009
矿体几何[学]　mineral deposit geometry　05.167
矿体几何制图　geometrisation of ore body　05.168
框标　fiducial mark　03.023
框幅摄影机　frame camera　03.010
扩散转印　diffusion transfer　04.314

L

拉普拉斯点　Laplace point　02.021
拉普拉斯方位角　Laplace azimuth　02.020
＊兰勃特等面积方位投影　Lambert projection　04.173
兰勃特投影　Lambert projection　04.173
蓝底图　blue key　04.317
浪花　breaker　06.286
勒夫数　Love's number　02.232
雷达测高仪　radar altimeter　07.189
雷达覆盖区　radar overlay　06.281
雷达干涉测量　interometry SAR, INSAR　03.365
雷达遥感　radar remote sensing　03.461
雷达应答器　radar responder　06.265
雷达影像　radar image　03.462
雷达指向标　radar ramark　07.187
类别视觉感受　perceptual grouping　04.104
＊类星体　extragalactic compact radio source　02.294
类型地图　typal map　04.057
离散覆盖　discrete coverage　04.375
离心力　centrifugal force　02.139
离心力位　potential of centrifugal force　02.141
理论地图学　theoretical cartography　04.002
理论最低潮面　theoretical lowest tide surface　06.090
力高　dynamic height　02.052
历史地图　historic map　04.037
历元平极　mean pole of the epoch　02.103
立井导入高程测量　induction height survey through shaft　05.147
立井定向测量　shaft orientation survey　05.135
立井激光指向[法]　laser guide of vertical shaft　05.163
立体测图仪　stereoplotter　07.168
立体地图　relief map　04.082
立体观测　stereoscopic observation　03.151
立体观测模型　stereoscopic model　03.209
立体镜　stereoscope　07.186
立体判读仪　stereointerpretoscope　07.175
立体摄影测量　stereophotogrammetry　03.200
立体摄影机　stereocamera, stereometric camera　03.007
立体视觉　stereoscopic vision　03.155
立体像对　stereopair　03.150
立体坐标量测仪　stereocomparator　07.177
粒子加速器测量　particle accelerator survey　05.298
连接点　tie point　03.232
连续调　continuous tone　04.336
连续对比　successive contrast　04.109
连续方式　continuous mode　04.253
连续覆盖　continuous coverage　04.376
连续运行基准站　continuously operating reference stations, CORS　02.393
帘幕式快门　focal plane shutter, curtain shutter　03.028
联测比对　comparison survey　06.048
联合平差　combined adjustment　03.242
联机空中三角测量　on-line aerophotogrammetric triangulation　03.238
联系测量　connection surveying　05.134
联系三角形法　connection triangle method　05.142
联系数　correlate　02.340
亮度　lightness　04.333
量测摄影机　metric camera　03.008
量底法　quantity base method　04.198
量化　quantizing, quantization　03.258
裂缝观测　fissure observation　05.104
邻带方里网　grid of neighboring zone　04.224
邻图拼接比对　comparison with adjacent chart　06.146
邻元法　neighborhood method　03.274
林业测量　forest survey　05.245
林业基本图　forest basic map　05.246
零漂改正　correction of zero drift　02.192
零[位]线改正　correction of zero line　06.140

M

N

O

判读 interpretation 03.194
判读仪 interpretoscope 07.174
*判释 interpretation 03.194
旁向重叠 lateral overlap, side overlap, side lap 03.086
旁向倾角 lateral tilt, roll 03.148
偏角法 method of deflection angle 05.233
偏振光立体观察 vectograph method of stereoscopic viewing 03.153
频率误差 frequency error 07.116
频偏 frequency offset 02.288
频漂 frequency drift 02.289
平板仪 plane-table equipment 07.030
平板仪测量 plane-table survey 05.091
平板仪导线 plane-table traverse 05.032
平差值 adjusted value 02.348
平衡潮 equilibrium tide 02.227
平极 mean pole 02.101
平均大潮低潮面 mean low water springs, MLWS 06.091
平均大潮高潮面 mean high water springs, MHWS 06.092
平均地球椭球 mean earth ellipsoid 02.151
平均海面归算 seasonal correction of mean sea level 06.012
平均海[水]面 mean sea level 01.023
平均曲率半径 mean radius of curvature 02.068
平均误差 average error 02.317
平均运动 mean motion 02.251
平面控制测量 plane control survey 05.011
平面控制点 plane control point 05.007
平面控制网 plane control network 05.004
平面曲线测设 plane curve location 05.227
平面图 plane 01.041
平面坐标 horizontal coordinate 05.009
平时钟 mean-time clock 07.048
平行圈 parallel circle 02.065
平移参数 translation parameters 02.246
平整土地测量 survey for land consolidation 05.255
屏幕地图 screen map 04.049
坡度测设 grade location 05.238
坡面经纬仪 slope theodolite 07.013
剖面图 profile 04.207
普拉烈系统 Precise Range and Rangerate Equipment, PRARE 02.189
普通地图 general map 04.027
普通地图集 general atlas 04.091
普通海图 general chart 06.207

Q

气象代表误差 meteorological representation error 06.053
*气象改正 atmospheric correction 06.052
恰可察觉差 just noticeable difference, JND 04.125
*恰普斯基条件 condition of intersection, Scheimpflug condition, Czapski condition 03.188
千米尺 kilometer scale 06.250
铅垂线 plumb line 02.040
*铅垂仪 optical plumment, laser plumment, optical precise plumment 07.017
前方交会 [forward] intersection 05.056
钱德勒摆动 Chandler wobble 02.118
浅地层剖面仪 sub-bottom profiler 07.151
浅色调 tint 04.331
嵌入式地理信息系统 embedded geographic information system 04.377
桥墩定位 pier location 05.244
桥梁测量 bridge survey 05.240
桥梁控制测量 bridge construction control survey 05.242
桥梁轴线测设 bridge axis location 05.243
切线支距法 tangent off-set method 05.234
切向畸变 tangential distortion, tangential lens distortion 03.038
倾斜观测 oblique observation, tilt observation 05.107
倾斜摄影 oblique photography 03.070
倾斜位移 tilt displacement 03.130
倾斜仪 clinometer 07.061

清绘　fair drawing　04.214
求积仪　planimeter, platometer　07.032
球面投影　stereographic projection　04.166
球心投影　gnomonic projection　04.163
区划地图　regionalization map　04.059
区域地图集　regional atlas　04.090
区域地质调查　regional geological survey　05.116
区域地质图　regional geological map　05.127
区域网空中三角测量　aerial triangulation　03.511
区域网平差　block adjustment　03.240
曲线测设　curve setting-out　05.225
* 曲线放样　curve setting-out　05.225
曲线光滑　line smoothing　04.289
全景畸变　panoramic distortion　03.036
全景摄影　panoramic photography　03.068
全景摄影机　panoramic camera, panorama camera　03.009
全能法测图　universal method of photogrammetric mapping　03.171
全球大地测量观测系统　global geodetic observing system, GGOS　02.394
全球导航卫星系统　global navigation satellite system, GNSS　01.026
全球定位系统　global positioning system, GPS　02.395
全色红外片　panchromatic infrared film　03.051
全色片　panchromatic film　03.047
全色影像　panchromatic image　03.478
全息摄影　hologram photography, holography　03.064
全息摄影测量　hologrammetry　03.287
全向天线　omnidirectional antenna　07.092
* 全站仪　electronic tacheometer, electronic stadia instrument, electronic tachymeter total station　07.016
全组合测角法　method in all combinations　02.028
权　weight　02.321
权函数　weighting function　02.323
权矩阵　weight matrix　02.326
权逆阵　inverse of weight matrix　02.327
权系数　weight coefficient　02.324

R

扰动位　disturbing potential　02.145
扰动重力　disturbing gravity　02.396
热辐射　thermal radiation　03.324
热红外图像　thermal infrared imagery, thermal IR imagery　03.334
人工标志[点]　artificial target　03.198
人口地图　population map　04.036
人文地图　human map　04.033
人仪差　personal and instrumental equation　02.132
认知制图　cognitive mapping　04.019
任意比例尺　arbitrary scale　04.247
任意投影　arbitrary projection　04.158
任意轴子午线　arbitrary central meridian　05.099
日潮港　diurnal tidal harbor　06.104
* 日晷投影　gnomonic projection　04.163
* 日内瓦尺　standard meter　07.088
日平均海面　daily mean sea level　06.008
日月引力摄动　lunisolar gravitational perturbation　02.261
儒略日　Julian Day　02.109

S

三边测量　trilateration　05.017
三边网　trilateration network　05.014
三差相位观测　triple difference phase observation　02.204
三杆分度仪　three-arm protractor　07.120
三角测量　triangulation　02.022
三角点　triangulation point　02.023
三角高程测量　trigonometric leveling　02.038
三角高程导线　polygonal height traverse　05.069
三角高程网　trigonometric leveling network　02.039
三角基座　tribrach　07.070
三角锁　triangulation chain　02.024
三角网　triangulation network　02.025
三脚架　tripod　07.082
三维地景仿真　three-dimensional landscape simulation　04.259
三维激光扫描仪　three dimensional laser scanner　05.313
三维网　three-dimensional network　05.081
三轴稳定姿态控制　three-axis stabilized attitude control

system, ACS　02.397
扫海测量　wire drag survey, sweep　06.079
扫海测深仪　sweeping sounder　07.145
扫海具　sweeper　07.165
扫海区　swept area　06.278
扫海深度　sweeping depth　06.086
扫海趟　sweeping trains　06.087
扫描数字化　digitizing by scanning method　04.261
扫描仪　scanner　07.200
色彩管理系统　color management system　04.351
色调　tone　04.329
色环　color wheel　04.328
色盲片　achromatic film　03.045
色相　hue　04.327
森林分布图　forest distribution map　05.247
晒版　printing down, plate copying　04.298
栅格地图数据库　raster map database　04.393
栅格绘图　raster plotting　04.290
栅格数据　raster data　04.249
闪闭法立体观察　blinking method of stereoscopic viewing　03.154
扇区开角　fan width, swath width　06.134
扇谐系数　coefficient of sectorial harmonics　02.158
上下视差　vertical parallax, y-parallax　03.159
设计水位　design level　06.094
X 射线摄影测量　X-ray photogrammetry　03.438
摄动函数　disturbing function　02.259
摄动力　disturbing force　02.257
摄谱仪　spectrograph　03.360
摄影测量畸变差　photogrammetric distortion　03.035
摄影测量内插　photogrammetric interpolation　03.277
摄影测量学　photogrammetry　03.001
摄影测量仪器　photogrammetric instrument　07.167
摄影测量与遥感学　photogrammetry and remote sensing　01.028
摄影测量坐标系　photogrammetric coordinate system　03.223
摄影处理　photographic processing　03.089
摄影分区　flight block　03.074
摄影航线　flight line of aerial photography　03.073
CCD 摄影机　charge-coupled device camera, CCD camera　03.012
摄影机检校　camera calibration　03.021
摄影机主距　principal distance of camera　03.207
摄影基线　photographic baseline, air base　03.076
摄影经纬仪　phototheodolite　07.010
摄影学　photography　03.002
摄站　camera station, exposure station　03.072
伸缩仪　extensometer　07.062
深度感　depth perception　04.133
深度基准　sounding datum　01.016
深度基准面　sounding datum, depth datum　06.088
深度基准面保证率　assuring rate of depth datum　06.095
深色调　shade　04.330
甚长基线干涉测量　very long baseline interferometry, VLBI　02.300
生物量指标变换　biomass index transformation　03.407
生物医学摄影测量　biomedical photogrammetry　03.299
声呐　sonar　07.136
声呐扫海　sonar sweeping　06.083
声呐图像　sonar image　06.084
声速改正　correction of sound velocity　06.121
声速计　sound velocimeter　07.132
声速剖面测量　sound velocity profiling　06.122
*声图　sonar image　06.084
声图判读　interpretation of echograms　06.085
声学多普勒海流剖面仪　acoustic Doppler current profiler, ADCP　07.152
声学水位计　acoustic water level　07.134
失锁　loss of lock　02.296
施工测量　construction survey　05.084
施工方格网　square control network　05.196
施工控制网　construction control network　05.080
石英弹簧重力仪　quartz spring gravimeter　07.052
石油勘探测量　petroleum exploration survey　05.131
时变重力场　time-varying gravity field　02.398
时号　time signal　02.126
时号改正数　correction to time signal　02.129
时间精度衰减因子　time dilution of precision, TDOP　02.399
时空数据模型　spatio-temporal data model　04.378
时钟频率　clock frequency　07.098
识别码　identification code　04.263
实时处理　real-time processing　03.375
实时定位　real-time positioning　02.400
实时动态测量　real-time kinematic survey　02.401
实时摄影测量　real-time photogrammetry　03.300

实时摄影测量系统　real-time photogrammetric system　03.445
实时伪距差分　real-time kinematic pesudorange difference, RTD　02.402
实用地图学　applied cartography　04.003
矢量地图数据库　vector map database　04.380
矢量绘图　vector plotting　04.288
矢量数据　vector data　04.248
矢量数据结构　vector data structure　04.379
矢量重力测量　vector gravimetry　02.137
1984 世界大地坐标系　World Geodetic System 1984, WGS-84　02.350
世界地图集　world atlas　04.088
世界时　universal time, UT　02.108
市政工程测量　public engineering survey　05.186
示坡线　slope line　04.188
视差　parallax　07.114
视场对比　simultaneous contrast　04.108
视地平线　apparent horizon　03.126
视距　sighting distance　07.103
视距测量　stadia survey　05.072
视距乘常数　stadia multiplication constant　07.106
视距导线　stadia traverse　05.031
视距加常数　stadia addition constant　07.107
视觉变量　visual variable　04.105
视觉层次　visual hierarchy　04.106
视觉对比　visual contrast　04.107
视觉分辨敏锐度　resolution acuity　04.102
视觉立体地图　stereoscopic map　04.083
视觉平衡　visual balance　04.110
视模型　perceived model　03.211
视频摄影测量　video phtogrammtry　03.441
视线高程　elevation of sight　05.067
视准线法　collimation line method　05.210
适应性水平　adaptation level　04.113
收时　time receiving　02.128
手持激光测距仪　hand-held laser ranger　07.214
手持水准仪　hand-held level　07.029
首曲线　intermediate contour　04.184
艏向　heading　06.178
受摄轨道　disturbed orbit　02.250
疏浚区　dredged area　06.277
输电线路测量　power transmission line survey　05.128
输油管道测量　petroleum pipeline survey　05.129
属性精度　attribute accuracy　04.284
竖盘指标差　index error of vertical circle, vertical collimation error　07.109
竖曲线测设　vertical curve location　05.228
竖直摄影　vertical photography　03.069
*数据采集器　data recorder　07.100
数据层级　data level　04.381
数据产品说明　data product specification　04.382
数据处理　data processing　03.328
数据传输　data transmission　03.327
数据探测法　data snooping　03.243
数据质量控制　data quality control　04.272
数控绘图桌　digital tracing table　03.249
数量感　quantitative perception　04.131
数学地图学　mathematical cartography　04.004
数值地籍　numerical cadastre　05.267
数字表面模型　digital surface model, DSM　03.276
数字测图　digital mapping　03.262
数字地籍数据库　digital cadastral database, DCDB　01.069
数字地面模型　digital terrain model, DTM　01.034
数字地图　digital map　04.079
数字地图学　digital cartography　04.244
数字高程模型　digital elevation model, DEM　03.275
数字海图　digital chart　06.228
数字化测图　digitized mapping　01.090
数字化器　digitizer　07.206
数字化文件　digital file　04.266
数字化影像　digitized image　03.105
数字近景摄影测量　digital close-range photogrammtry　03.443
数字纠正　digital rectification　03.263
数字栅格地图　digital raster graph, DRG　04.384
数字摄影测量　digital photogrammetry　03.286
数字摄影测量工作站　digital photogrammetric station　07.173
数字摄影测量系统　digital photogrammetry system　03.444
数字矢量地图　digital line graph, DLG　04.383
数字水准仪　digital level　07.212
数字图像处理　digital image processing　03.373
数字图形处理　digital graphic processing　04.270
*数字线划地图　digital line graph, DLG　04.383
数字相关　digital correlation　03.269

T

塔尔科特测纬度法　Talcott method of latitude determination　02.123
台卡海图　Decca chart　06.197
台链　station chain　06.039
太阳辐射波谱　solar radiation spectrum　03.312
太阳光压摄动　solar radiation pressure perturbation　02.264
太阳同步卫星　sun-synchronous satellite　03.346
态势地图　posture map　04.067
特宽角航摄仪　superwide-angle aerial camera　03.448
特殊水深　special depth　06.143
特征　feature　03.419
特征编码　feature coding　03.422
特征码　feature code　04.264
特征码清单　feature code menu　04.265
特征提取　feature extraction　03.420
特征选择　feature selection　03.421
特种地图　particular map　04.031
梯度测量　gradient measurement　02.429
体素　voxel　03.436
天波干扰　sky-wave interference　06.050
天波修正　sky-wave correction　06.051
天顶方向总电子含量　vertical total electron content, VTEC　02.404
天顶距　zenith distance, zenith angle　02.041
天球坐标系　celestial coordinate system　02.240
天文大地垂线偏差　astro-geodetic deflection of the vertical　02.076
天文大地网平差　adjustment of astrogeodetic network　02.345
天文点　astronomical point　02.096
天文定位系统　astronomical positioning system　07.127
天文方位角　astronomical azimuth　02.119
天文经度　astronomical longitude　02.116
天文经纬仪　astronomical theodolite　07.007
天文年历　astronomical ephemeris, astronomical almanac　02.112
天文水准　astronomical leveling　02.174
天文纬度　astronomical latitude　02.117
天文重力水准　astro-gravimetric leveling　02.175
天文坐标量测仪　astronomical coordinate measuring instrument　07.046
天线方向性　directivity of antenna　06.054
天线高度　antenna height　06.055
田谐系数　coefficient of tesseral harmonics　02.159
填充地图　outline map [for filling]　04.075
条带测深　swath sounding　06.076
条幅[航带]摄影机　continuous strip camera, strip camera　03.011
条件方程　condition equation　02.339
条件平差　condition adjustment　02.337
调绘　annotation　03.193
调焦误差　error of focusing　07.113
调制传递函数　modulation transfer function, MTF　03.110
调制频率　modulation frequency　07.097
调制器　modulator　07.093
铁路测量　railway survey　05.314
通用横墨卡托投影　Universal Transverse Mercator projection, UTM　04.176
通用极球面投影　Universal Polar Stereographic projection, UPS　04.177
同步观测　simultaneous observation　02.277
同步摄影　synchronous photography　03.496
同步验潮　tidal synobservation　06.102
同名光线　corresponding image rays　03.170
同名核线　corresponding epipolar line　03.139
同名像点　corresponding image points, homologous image points　03.160
统计地图　statistic map　04.058
投影变换　projection transformation　04.182
投影变形　distortion of projection　04.179
投影方程　projection equation　03.230
投影几何　projective geometry　03.453
投影器　projector　07.204
投影器主距　principal distance of projector　03.208
投影晒印　projection printing　03.093
透光率　transmittance　03.113
透明负片　transparent negative　03.042
透明正片　diapositive, transparent positive　03.043

透明注记　stick-up lettering　04.344
透视截面法　perspective tracing　04.209
透视投影　perspective projection　04.165
透视旋转定律　rotation axiom of the perspective, rotational theorem, Chasles theorem　03.189
透写图　tracing　06.153
图幅　mapsheet　04.222
图幅编号　sheet designation, sheet number　04.227
图幅接边　edge matching　04.229
图幅接合表　index diagram, sheet index　04.228
图根点　mapping control point　05.049
图根控制　mapping control　05.038
图解纠正　graphical rectification　03.179
图解图根点　graphic mapping control point　05.052
图廓　neat line　04.221
图历簿　mapping recorded file　04.231
图例　legend　04.230
图面配置　layout　04.097
图像　picture　01.031
图像编码　image coding　03.389
图像变换　image transformation　03.399
图像重建　image reconstruction　03.489
图像处理　image processing　01.035
图像处理系统　image processing system　03.484
图像分割　image segmentation　03.393
图像分类　image classification　03.485
图像分析　image analysis　03.434
图像复合　image overlaying　03.394
图像复原　image restoration　03.330
图像几何纠正　geometric rectification of imagery　03.380
图像几何配准　geometric registration of imagery　03.379
图像检索　image retrieval　03.486
图像理解　image understanding　03.435
图像描述　image description　03.395
图像识别　image recognition　03.388
图像数字化　image digitization　03.382
图像镶嵌　image mosaic　03.381
图像序列　image sequence　03.487
图像压缩　image compression　03.488
图像增强　image enhancement　03.410
图形　graph　01.033
图形-背景辨别　figure-ground discrimination, F-G discrimination　04.112
图形符号　graphic symbol　04.142
图形记号　graphic sign　04.141
图形权倒数　weight reciprocal of figure　02.026
图形元素　graphic element　04.262
土地测量　land survey　05.315
土地登记　land registration　05.284
土地调查　land investigation　05.316
*土地分宗　subdivision of land　05.285
土地规划测量　land planning survey　05.256
土地划分　subdivision of land　05.285
土地利用图　land use map　05.317
土地利用现状图　present landuse map　05.272
*土地权属登记　land registration　05.284
土地统计　land statistics　05.286
土地信息系统　land information system, LIS　01.070
推荐航线　recommended route　06.181
拖底扫海　aground sweeping　06.081
拖鱼　towfish　07.166
陀螺定向光电测距导线　gyrophic EDM traverse　05.149
陀螺方位角　gyro azimuth　05.145
陀螺经纬仪　gyrotheodolite, gyro-azimuth theodolite, survey gyroscope　07.008
陀螺仪定向测量　gyrostatic orientation survey　05.143
椭球扁率　flattening of ellipsoid　02.058
椭球长半轴　semimajor axis of ellipsoid　02.056
椭球短半轴　semiminor axis of ellipsoid　02.057
椭球面大地测量学　ellipsoidal geodesy　02.002
椭球偏心率　eccentricity of ellipsoid　02.059
拓扑单形　topological primitive　04.385
拓扑地图　topological map　04.086
拓扑对象　topological object　04.386
拓扑关系　topological relation　04.283
拓扑检索　topological retrieval　04.282
拓扑数据结构　topological data structure　04.387

W

外部定向　exterior orientation　03.164
外方位元素　elements of exterior orientation　03.483
弯管目镜　diagonal eyepiece　07.064
完备性　integrity　02.411

网点　stipple, dots　04.339
网格地理信息系统　grid geographic information system, grid GIS　04.388
网格法　grid method　04.202
网络 RTK　network RTK　02.405
网络地理信息系统　web geographic information system, web GIS　04.389
网络地图　web maps　04.390
网络模型　network model　04.391
网屏　screen　04.337
网纹片　transparent foil　04.343
网线　ruling　04.340
微波测距仪　microwave distance meter　07.038
微波辐射　microwave radiation　03.325
微波辐射计　microwave radiometer　03.366
微波图像　microwave imagery　03.335
微波遥感　microwave remote sensing　03.311
微波遥感器　microwave remote sensor　03.353
*微分法测图　differential method of photogrammetric mapping　03.172
微分纠正　differential rectification　03.252
微重力测量　microgravimetry　02.177
维纳滤波　Wiener filtering　03.503
维纳频谱　Wiener spectrum　03.112
维宁·曼尼斯公式　Vening-Meinesz formula　02.168
伪彩色图像　pseudo-color image　03.401
伪等值线地图　pseudo-isoline map　04.054
伪距　pseudorange, pseudo-range　02.406
伪距测量　pseudo-range measurement　02.282
伪随机噪声　pseudorandom noise, PRN　02.407
伪卫星　pseudolite, pseudo-satellite　02.408
SPOT 卫星　SPOT Satellite, Systeme Probatoire d'Observation de la Terre（法）　03.342
卫星测高　satellite altimetry　02.273
卫星大地测量学　satellite geodesy　02.006
卫星定位　satellite positioning　06.016
卫星多普勒定位　satellite Doppler positioning　02.278
卫星多普勒[频移]测量　satellite Doppler shift measurement　02.272
卫星高度　satellite altitude　02.252
卫星跟踪卫星　satellite to satellite tracking, SST　02.274
卫星跟踪站　satellite tracking station　02.275
卫星共振分析　analysis of satellite resonance　02.269
卫星构形　satellite configuration　02.255
卫星–惯导组合定位系统　satellite-inertial guidance integrated positioning system　07.130
卫星轨道改进　improvement of satellite orbit　02.270
卫星激光测距　satellite laser ranging, SLR　02.271
卫星激光测距仪　satellite laser ranger　07.037
卫星–声学组合定位系统　satellite-acoustics integrated positioning system　07.129
卫星受摄运动　perturbed motion of satellite　02.258
卫星星下点　satellite nadir point　02.253
卫星星座　satellite constellation　02.409
卫星影像　satellite image　03.474
卫星影像图　satellite image map　03.332
卫星运动方程　equation of satellite motion　02.256
卫星重力梯度测量　satellite gradiometry　02.276
卫星重力学　satellite gravimetry　02.410
卫星姿态　satellite attitude　03.347
位移观测　displacement observation　05.103
位置服务　location-based service, LBS　01.087
位置函数　position function　06.026
位置精度　positional accuracy　04.236
位置精度衰减因子　position dilution of precision, PDOP　02.412
位置线　line of position, LOP　06.025
位置线方程　equation of LOP　06.027
位置[线交]角　intersection angle of LOP　06.028
文化地图　cultural map　04.039
纹理分析　texture analysis　03.416
纹理增强　texture enhancement　03.414
*稳健估计　robust estimation　02.332
沃尔什变换　Walsh transformation　03.405
无线电定位　radio positioning　06.017
无线电航行警告　radio navigational warning　06.301
无线电指向标　radio beacon　06.264
无线电指向标表　list of radio beacon　06.304
五角棱镜　pentaprism　07.078
物镜分辨力　resolving power of lens　03.039
物空间坐标系　object space coordinate system　03.226
物理大地测量学　physical geodesy　02.004
误差检验　error test　02.331
误差理论　theory of errors　02.303
误差椭圆　error ellipse　02.310

1980 西安坐标系　Xi'an Geodetic Coordinate System 1980　01.019
系列地图　series maps　04.047
系统集成　system integration　03.437
系统误差　systematic error　01.056
弦线支距法　chord off-set method　05.235
显微摄影　photomicrography　03.066
显微摄影测量　microphotogrammetry　03.442
显影　developing　03.090
现势地图　up-to-date map　04.066
线路平面图　route plan　05.224
线路水准测量　route leveling　05.237
线路中线测量　center line survey, location of route 05.232
线纹米尺　standard meter　07.088
线形锁　linear triangulation chain　05.036
线形网　linear triangulation network　05.037
线性参照系　linear reference system　04.392
线性调频脉冲　chirp　07.211
线阵遥感器　linear array sensor, push-broom sensor 03.349
线状符号　line symbol　04.204
限差　tolerance　02.307
乡村规划测量　rural planning survey　05.254
相对定位　relative positioning　02.200
相对定向　relative orientation　03.165
相对定向元素　elements of relative orientation　03.167
相对航高　relative flying height　03.082
相对论改正　relativistic correction　02.299
相对误差　relative error　02.308
相对重力测量　relative gravity measurement　02.179
相干声呐测深系统　interferometric seabed inspection sonar　07.139
相关平差　adjustment of correlated observation　02.347
相关器　correlator　07.205
相位传递函数　phase transfer function, PTF　03.109
相位多值性　phase ambiguity　06.045
相位激光扫描仪　phase-based laser scanner　03.498
相位滤波器　phase filter　03.502
相位模糊度解算　phase ambiguity resolution　02.206

X

相位漂移　phase drift　06.046
相位稳定性　phase stability　06.044
相位滞后　phase lag　02.413
相位周　phase cycle, lane　06.042
相位周值　phase cycle value, lane width　06.043
镶嵌索引图　index mosaic　03.192
*向甫鲁条件　condition of intersection, Scheimpflug condition, Czapski condition　03.188
*巷　phase cycle, lane　06.042
*巷宽　phase cycle value, lane width　06.043
象限仪　quadrant　07.045
象形符号　replicative symbol　04.346
像场角　objective angle of image field, angular field of view　03.033
像等角点　isocenter of photograph　03.120
像底点　photo nadir point　03.118
像地平线　image horizon, horizon trace, vanishing line 03.127
像点位移　displacement of image　03.128
像幅　picture format　03.022
像空间坐标系　image space coordinate system　03.225
像片　photo, photograph　03.100
像片比例尺　photo scale　03.103
*像片地质解译　geological interpretation of photograph 05.126
像片地质判读　geological interpretation of photograph 05.126
像片方位角　azimuth of photograph　03.140
像片方位元素　photo orientation elements　03.143
像片基线　photo base　03.122
像片纠正　photo rectification　03.175
像片内方位元素　element of interior orientation　03.141
像片判读　photo interpretation　03.195
像片平面图　photo plan　03.176
像片倾角　tilt angle of photograph　03.146
像片外方位元素　element of exterior orientation　03.142
像片镶嵌　photo mosaic　03.190
像片旋角　swing angle, yaw　03.149
像片主距　principal distance of photo　03.206
像平面坐标系　photo coordinate system　03.224

像素　pixel　03.115
像移补偿　image motion compensation, IMC　03.024
＊像元　pixel　03.115
像主点　principal point of photograph　03.117
像主纵线　principal line [of photograph]　03.123
销钉定位法　stud registration　04.308
小潮升　neap rise　06.097
小角度法　minor angle method　05.212
小像幅航空摄影　small format aerial photography, SFAP　03.071
＊C-C 效应　cross-coupling effect　06.161
协方差函数　covariance function　02.218
协调世界时　coordinated universal time, UTC　02.111
协调世界时时号　time signal in UTC　02.127
斜截面法　oblique tracing　04.208
斜轴投影　oblique projection　04.169
心象地图　mental map　04.070
新版海图　new edition of chart　06.298
信息化测绘　informatization surveying and mapping　01.091
信息属性　information attribute　04.273
FK_4 星表　Fourth Fundamental Catalogue, FK_4　02.113
FK_5 星表　Fifth Fundamental Catalogue, FK_5　02.114
星基增强系统　satellite based augmentation systems, SBAS　02.414
星载遥感器　satellite-borne sensor　03.356
行差　run error　07.115
行星大地测量学　planetary geodesy　02.009
行星摄影测量　planetary photogrammetry　03.440
行政区划地图　administrative map　04.040
形变测量　deformation measurement　02.415
修版　retouching　04.299
虚拟参考站技术　virtual reference station, VRS　02.416
虚拟地景　virtual landscape　04.278
虚拟地图　virtual map　04.071
序贯平差　sequential adjustment　02.342
悬式经纬仪　suspension theodolite　07.014
旋转参数　rotation parameters　02.247
选取指标　index for selection　04.121
选权迭代法　iteration method with variable weights　03.245
寻北器　north-finding instrument, polar finder　07.074

Y

压力验潮仪　pressure gauge　07.155
亚太区域地理信息系统基础设施常设委员会　Permanent Committee on GIS Infrastructure for Asia and the Pacific, PCGIAP　01.077
严密平差　rigorous adjustment　05.073
沿岸测量　coastwise survey　06.065
颜色空间　color space　04.296
验潮　tidal observation　06.098
验潮仪　gauge meter　07.153
验潮站　tidal station　06.099
验潮站零点　zero point of the tidal　06.100
阳像　positive image　04.303
遥感　remote sensing　01.030
遥感测深　remote sensing sounding　06.072
遥感模式识别　pattern recognition of remote sensing　01.036
遥感平台　remote sensing platform　03.348
遥感数据获取　remote sensing data acquisition　03.326
遥感图像处理　remote sensing image processing　03.506
遥感影像　remote sensing image　03.475
遥感制图　remote sensing mapping　01.044
野外地质图　field geological map　05.124
野外填图　field mapping　04.020
移动测图系统　mobile mapping system　03.505
＊移动台　mobile station　06.036
异常水深　anomalous depth　06.144
因瓦基线尺　invar baseline wire　07.089
阴像　negative image　04.304
引潮力　tide-generating force　02.225
引潮位　tide-generating potential　02.224
引航图集　pilot atlas　06.226
引力　gravitation　02.138
引力位　gravitational potential　02.140
引张线法　method of tension wire alignment　05.209
＊印度大潮低潮面　lower low water, Indian spring low water　06.093
印刷版　printing plate　04.295
荧光地图　fluorescent map　04.076
影像　image, imagery　01.032
影像地质图　geological photomap　05.125

影像分辨率　image resolution　03.500
影像金字塔　image pyramid　03.387
影像匹配　image matching　03.265
影像融合　image fusion　03.386
影像扫描仪　image scanner　03.499
影像数据库　image database　01.066
影像相关　image correlation　03.266
影像信息学　imaging informatics, icon informatics　03.501
影像质量　image quality　03.098
*涌浪滤波器　heave compensator　07.159
用户自主式完备性监测　receiver autonomous integrity monitoring, RAIM　02.417
游艇用图　yacht chart, smallcraft chart　06.203
*有效孔径　aperture　03.031
渔业用图　fishing chart　06.204
宇宙制图　cosmic cartography　04.023
预报地图　prognostic map　04.064
预打样图　pre-press proof　04.321
预制符号　preprinted symbol　04.347
预制感光版　presensitized plate　04.297
原子钟　atomic clock　07.049
圆曲线测设　circular curve location　05.229
圆－圆定位　range-range positioning　06.021
圆柱投影　cylindrical projection　04.160
圆锥投影　conic projection　04.161
远程定位系统　long-range positioning system　07.126
远程无线电导航　long-range radio navigation　06.018
远海测量　pelagic survey　06.067
远洋作业图　plotting chart, plotting sheet　06.191
月平均海面　monthly mean sea level　06.009
月球轨道飞行器　lunar orbiter　03.336
运动方程分析解　analytical solution of motion equation　02.266
运动方程数值解　numerical solution of motion equation　02.267
运动线法　arrowhead method　04.193
晕滃法　hachuring　04.192
晕渲法　hill shading　04.191

Z

载波相位测量　carrier phase measurement　02.283
再分结构　subdivisional organization　04.117
凿井施工测量　construction survey for shaft sinking　05.162
窄巷观测值　narrow lane observations　02.418
站心坐标系　topocentric coordinate system　02.243
章动　nutation　02.136
照相排字机　phototypesetter　07.201
照相制版镜头　printer lens, process lens　07.207
照准点　sighting point　05.025
照准点归心　reduction to target center　05.026
真地平线　true horizon　03.125
真实孔径雷达　real-aperture radar　03.368
真误差　true error　02.305
真子午线　true meridian　05.251
整体大地测量　integrated geodesy　02.302
整体感　associative perception　04.129
整体结构　extensional organization　04.116
整周模糊度　integer ambiguity　02.419
正常高　normal height　02.051
正常水准椭球　normal level ellipsoid　02.146
正常引力位　normal gravitational potential　02.142
正常重力　normal gravity　02.148
正常重力场　normal gravity field　02.147
正常重力公式　normal gravity formula　02.150
正常重力位　normal gravity potential　02.143
正常重力线　normal gravity line　02.149
*正锤法　direct plummet observation　05.213
正锤[线]观测　direct plummet observation　05.213
正方形分幅　square mapsheet　05.097
正高　orthometric height　02.050
正立体效应　orthostereoscopy　03.156
正片　positive　03.040
正色片　orthochromatic film　03.046
正射投影　orthographic projection　04.164
正射投影仪　orthoscope　07.182
正射像片　orthophoto　03.253
正射影像地图　orthophoto map　03.256
正射影像技术　orthophoto technique　03.251
正射影像立体配对片　orthophoto stereomate　03.255
正像　right-reading　04.301
*正形投影　conformal projection　04.155

正直摄影　normal case photography　03.279
正轴投影　normal projection　04.167
郑和航海图　Zheng He's Nautical Chart　06.227
政治地图　political map　04.034
支导线　open traverse　05.029
支水准路线　open leveling line　05.066
直方图规格化　histogram specification　03.398
直方图均衡　histogram equalization　03.397
直角坐标网　rectangular grid　05.095
直接法纠正　direct scheme of digital rectification　03.384
直接线性变换　direct linear transformation, DLT　03.291
志田数　Shida's number　02.233
制图分级　cartographic hierarchy　04.149
制图简化　cartographic simplification　04.151
制图精度　mapping accuracy　04.235
制图夸大　cartographic exaggeration　04.152
制图选取　cartographic selection　04.150
制图专家系统　cartographic expert system　04.348
制图资料　source material, cartographic document　04.234
制图综合　cartographic generalization　04.148
质底法　quality base method　04.197
质量感　qualitative perception　04.132
秩亏平差　rank defect adjustment　02.343
置信度　confidence　01.059
中程定位系统　medium-range positioning system　07.125
中国测绘学会　Chinese Society of Geodesy, Photogrammetry and Cartography, CSGPC　01.076
中国大地测量星表　Chinese Geodetic Stars Catalogue, CGSC　02.115
中华人民共和国测绘法　Surveying and Mapping Law of the People's Republic of China　01.002
中天法　transit method　02.121
中误差　root mean square error, RMSE　01.058
中线桩　center line stake　05.226
中心式快门　between-the-lens shutter, lens shutter　03.027
中星仪　transit instrument　07.043
中性色调　middle tone　04.332
中央子午线　central meridian　02.088
钟差　clock bias　02.420
钟偏　clock offset　02.284
钟速　clock rate　02.285
重锤投点　damping-bob for shaft plumbing　05.139
重氮复印　diazo copying　04.315
重力　gravity　02.134
重力扁率　gravity flattening　02.421
重力测量　gravity measurement　02.176
重力场　gravity field　01.008
重力潮汐改正　correction of gravity measurement for tide　02.193
重力垂线偏差　gravimetric deflection of the vertical　02.077
重力垂直梯度　vertical gradient of gravity　02.215
重力点　gravimetric point　02.183
重力固体潮观测　gravity observation of Earth tide　02.220
重力归算　gravity reduction　02.194
重力基本微分方程　fundamental gravity differential equation　02.422
重力基线　gravimetric baseline　02.182
重力基准　gravity datum　01.007
重力数据库　gravimetric database　01.064
重力水平梯度　horizontal gradient of gravity　02.216
重力梯度测量　gravity gradient measurement, gradiometry　02.181
重力梯度仪　gradiometer　07.058
重力位　gravity potential　02.133
重力仪　gravimeter　07.050
重力异常　gravity anomaly　02.211
重力异常阶方差　degree variance of gravity anomaly　02.217
周期误差　periodic error　07.118
周跳　cycle slip　02.205
轴颈误差　error of pivot　02.131
主垂面　principal plane [of photograph], principal vertical plane　03.124
主动式遥感　active remote sensing　03.306
主分量变换　principal component transformation　03.403
主合点　principal vanishing point　03.131
主核面　principal epipolar plane　03.136
主核线　principal epipolar line　03.135
主检比对　main/check comparison　06.145
主台　master station　06.040
主轴线测设　setting-out of main axis　05.197
[助]航标[志]　aid to navigation　06.263
助曲线　extra contour　04.187

注册测绘师　registered surveyor　01.089
专题测图仪　thematic mapper, TM　03.370
专题层　thematic layer　04.255
专题地图　thematic map　04.028
专题地图集　thematic atlas　04.092
专题地图学　thematic cartography　04.006
专题海图　thematic chart　06.212
专用地图　special use map　04.030
转点仪　point transfer device　07.184
转绘仪　sketchmaster　07.183
状态向量　state vector　02.268
准确度　accuracy　01.054
姿态　attitude　03.144
姿态参数　attitude parameter　03.145
姿态测量　attitude measurement　02.423
姿态测量遥感器　attitude-measuring sensor　03.358
资源与环境遥感　remote sensing for natural resources and environment　03.305
子午面　meridian plane　02.060
子午圈　meridian　02.061
子午圈曲率半径　radius of curvature in meridian　02.066
自动安平水准仪　automatic level, compensator level　07.026
自动化地图制图　automatic cartography　04.024
自动绘图　automatic plotting　04.286
自动空中三角测量　automatic triangulation　03.237
自动判读　automatic interpretation　03.510
自动坐标展点仪　automatic coordinate plotter　07.195
自检校　self-calibration　03.241
自轮廓重建　shape from contour　03.491
自然地图　physical map　04.041
自适应滤波　adaptive filtering　03.504
自阴影重建　shape from shading　03.492
自准直目镜　autocollimating eyepiece　07.063
宗地测量　tract survey, parcel survey　05.276
综合测绘系统　general surveying system　07.123
综合地图　comprehensive map　04.061
综合地图集　comprehensive atlas　04.093
综合法测图　photo planimetric method of photogrammetric mapping　03.173
纵断面测量　profile survey　05.086
纵断面图　profile diagram, profile　05.088
组合导航　integrated navigation　02.424
组合地图　homeotheric map　04.048
组合定位　integrated positioning　06.020
钻孔位置测量　bore-hole position survey　05.114
最大似然分类　maximum likelihood classification　03.430
最小二乘法　least square method　02.333
＊最小二乘拟合推估法　least squares collocation　02.346
最小二乘配置法　least squares collocation　02.346
最小二乘相关　least squares correlation　03.271
最小距离分类　minimum distance classification　03.431
左右视差　horizontal parallax, x-parallax　03.158
坐标地籍　coordinate cadastre　05.268
坐标方位角　grid bearing　02.095
坐标格网　coordinate grid　01.038
＊坐标函数　position function　06.026
坐标量测仪　coordinate measuring instrument　07.176
坐标增量　increment of coordinate　05.054
坐标增量闭合差　closing error in coordinate increment　05.055
坐标中误差　mean square error of coordinate　02.314